PFERDE
Geschichten
aus Österreich

von Christiane Slawik

av BUCH

Inhalt

Vorwort

Ich vermisse die ehemalige österreichische Währung, den Schilling. Nicht, dass ich gegen den Euro wäre – im Gegenteil. Als Vielreisende finde ich es praktisch, zumindest in Europa nicht mehr mit verschiedenen Währungen jonglieren zu müssen. Trotzdem freute ich mich als Kind über jeden Österreichbesuch. Wegen des Schillings. Genauer gesagt, wegen des Fünf-Schilling Stückes. Noch immer liegt eines in der Schreibtischschublade. Mit dieser Münze hatte ich jederzeit die Möglichkeit, ein wunderschönes Pferd in der Hand zu haben. Der levadierende Lipizzaner auf der Rückseite war für mich ein echtes Wunder. Kein Vergleich mit den sonst auf Geldstücken verewigten Motiven. Wer weiß, welche Lobby sich da immer durchsetzt. Der Lipizzaner hat es leider nicht noch einmal geschafft. In den Herzen vieler Menschen ist er aber immer noch untrennbar mit Österreich verbunden. Selbst wenn die Wiege dieser Pferderasse ja eigentlich in Slowenien liegt. Was soll´s. Diese Münze war für mich damals der eindeutige Beweis: Österreich ist ein Pferdeland!

Mit den reinen, einheimischen Rassen ist das jedoch so eine Sache, wie schon das Lipizzanerbeispiel zeigt.

Selbst bei den Haflingern ist man sich da nicht ganz einig. So ein Vorwort ist nicht der richtige Ort, um sich darüber auszulassen, inwieweit das heute in Südtirol liegende Örtchen „Hafling" – immerhin Namensgeber der liebenswerten Blondschöpfe – nicht doch irgendwie und irgendwann einmal zu Österreich gehört hat. Die unverwechselbaren Pferde haben jedenfalls seit damals ihren Siegeszug in die ganze Welt angetreten und die trifft sich nun mal sehr gerne in Ebbs, was ja bekanntermaßen im österreichischen Tirol liegt.

Das Österreichische Warmblut unterliegt von jeher wechselnden Zuchtströmungen und entstand aus allen möglichen Importen sämtlicher Landstriche der Donaumonarchie. Heute orientiert es sich mit entsprechender Blutführung sowieso mehr und mehr am übermächtigen Prototyp des deutschen Sportpferdes.

Bleiben noch die Noriker. Da treffen wir auf der Suche nach „echten" österreichischen Rassen voll und ganz ins Schwarze. Obwohl deutlich massiger als die Haflinger, stehen sie diesen in Punkto Vielseitigkeit nicht nach, selbst wenn die rassebedingte Körperfülle den schweren Kaltblütern auf ganz natürliche Weise Grenzen setzt.

Neben Vertretern dieser „einheimischen" Rassen tummeln sich hier im Herzen Europas natürlich auch zahlreiche Pferde aus aller Welt, die in Österreich Liebhaber und ein neues Zuhause gefunden haben. Es gibt nichts, was es nicht gibt: Sprintstarke Westernrassen, feurige Iberer, edle Araber, robuste Isländer oder knuffige Miniponys grasen einträchtig neben deutschen und holländischen Warmblütern, lackschwarzen Friesen, ungarischen Nonius, Gidran und Shagyas oder gewaltigen Shire-Horses.

Regelmäßig führt mich heute meine Arbeit als Pferdefotografin und Fachjournalistin zurück in die schöne Alpenrepublik. Egal ob Gestüt-Shootings, Reportagen oder Fotoworkshops. Immer wieder freue ich mich über die vielen naturverbundenen und pferdebegeisterten Menschen in diesem überraschend vielseitigen Land.

Ohne allzu offensichtliche Jagd auf die übliche Prominenz und bekannte Locations, sind mir dabei im Laufe der Zeit eher zufällig viele außergewöhnliche Pferdeleute begegnet. Bekannte und noch mehr unbekannte. Egal ob Turnier-, Show- oder Freizeitreiter, Fahrer, Trainer, Reitlehrer oder Züchter. Sie alle verbindet weniger der Hang zur Öffentlichkeit und Selbstdarstellung, als die tiefe Leidenschaft zu diesen wunderbaren Tieren. Manche der Vierbeiner hinterlassen ebenfalls bleibende Eindrücke. Deshalb erzählt das eine oder andere Kapitel auch von einer Begegnung mit tierischen Persönlichkeiten oder von bemerkenswerten Shootings.

Irgendwann entstand die Idee, die Geschichten zusammenzutragen und einigen dieser engagierten Menschen, stellvertretend für viele andere, im Namen der Pferde „Dankeschön" zu sagen. Überall in der Welt leben passionierte Pferdeleute und schöne Pferde, die in diesem Buch beschriebenen leben jedoch alle in Österreich.

Viel Spaß beim Kennenlernen!

Christiane Slawik

Arabische
Schönheit
und Leistung

Für die einen sind Vollblutaraber die schönsten und edelsten Pferde der Welt, andere sehen in ihnen unreitbare Showpüppchen mit Spielzeugcharakter. Bei dieser Rasse scheiden sich die Geister der Pferdefreunde.

Was die Vorurteile betrifft, so darf bei den reinen Schauringgestüten schon mal die Frage erlaubt sein, ob es für die mit Showerfolgen, Pedigrees und möglichst konvexen Nasenlinien voll beschäftigten Züchter nicht besser wäre, sich zur Abwechslung mal um die Bedürfnisse kompletter, lebender Pferde zu kümmern. Neben den wenigen, bei unzähligen Schauen hoch prämierten Pferden, gibt es bei diesen reinen Schauzuchten natürlich jede Menge „Ausschuss", der dann entsprechend billig zu haben ist. Einen Absetzer gibt es für ein paar tausend Euro zu kaufen. Die beliebte Story vom „Trinker der Lüfte" liefert der Züchter gratis mit dazu. Oft hat das Pferdchen ein hübsches Gesicht, aber darauf reitet man leider nicht. Wie seine Beine und der Rücken aussehen, steht nämlich auf einem ganz anderen Blatt. Als „Reitpferd" ist es jedenfalls nicht gezüchtet worden und deshalb braucht man schon Glück, damit aus einem solchen „Schnäppchen" irgendwann hoffentlich mal ein zuverlässiger, gesunder Freizeitpartner wird. Dabei können mit Pferdeverstand gezielt auf Leistung gezüchtete Araber durchaus eine ganze Menge. Immerhin wurde ein großer Teil der Alten Welt auf ihrem Rücken erobert und kaum eine Rasse, in deren Adern nicht das Edelblut dieser Wüstenpferde fließt.

Auf dem Fronleitenhof im südlichen Niederösterreich finden wir bei Familie Dries genau die Tiere, nach denen wir suchen. Bildschöne, typvolle Reitaraber, die in punkto Exterieur, Leistung und Charakter keine Wünsche offen lassen.

Ausschließlich von Frauen betreut, liebevoll aufgezogen, gehegt und gepflegt, sowie fachgerecht ausgebildet, siegen sie am laufenden Band in allen Disziplinen der österreichischen Araber-Westernreitturniere. Der Krumbacher Gutsbetrieb mit 100 Hektar Weiden, Wiesen, Wald und Anbauflächen für Hafer und Gerste, beherbergt neben den Pferden auch Aberdeen-Angusrinder. Die hügelige Landschaft der Buckligen Welt sorgt für optimale Aufzuchtbedingungen im natürlichen Herdenverband.

Sechs bemerkenswerte Ladies teilen sich die Arbeit rund um die 22 Pferde der Familie Dries: Mutter Petra, ihre Töchter Sonja und Leona, die Wiener Westerntrainerin Doris Pfann, Tamara Schwarz und Heidi Lehmann, ehemalige

Rennreiterin aus Berlin, bilden ein perfektes, völlig gleichberechtigtes Team mit genau umrissenen Aufgabenbereichen.

Der Erfolg war jedoch nicht von Anfang an geplant, wie Petra erzählt: „Mein Schwiegervater Hans Trapp-Dries hat den völlig heruntergekommenen Hof vor 25 Jahren gekauft und seine selbst gezüchteten Warmblüter aus Deutschland mitgebracht. Sein Traum war es aber immer, Araber zu haben. Also kamen zwei Stuten dazu und so weiter und so weiter. 1995 gab es schon den schwarze Hengst Black Flag und weitere fünf Pferde, teilweise auch tragende Stuten."

Ein Deutsches Reitpony vermittelte ihren Kindern erste Erfahrungen im Sattel, dann sollten auch die Araber geritten werden, zunächst im englischen Stil. Ein Kunde bringt Westerntrainer Mario Bauer auf den Hof. Alle sind begeistert von seiner Arbeit und wechseln 1997 spontan das Sattelzeug: „Dass wir heute Westernreiten, ist wirklich reiner Zufall", bestätigt Tochter Leona, eine angehende Tierärztin. Zum Glück machen die anwesenden Pferde samt Reitpony die Umstellung auf das sensible Impulsreiten problemlos mit und erweisen sich als echte Talente: „Mein Großvater kam ja aus der Warmblutecke. Araber hin oder her, etwas Gescheites musste er schon haben! Deshalb stammen alle unsere Pferde nicht aus reinen Show-, sondern ausschließlich aus geprüften, kanadischen und polnischen Leistungslinien."

Mit der Umstellung ändert sich alles auf dem Fronleitenhof: „Als Englischreiter waren wir rein freizeitmäßig unterwegs. Nachdem es aber Westernturniere nur für Araber gab, packte uns der Ehrgeiz und wir fanden die Idee absolut spannend, uns mit anderen zu messen. Auf einmal sind wir nicht mehr einfach so herumgeritten, sondern alles ging nach Plan!" Dank Black Flag, der sich sogar bei der Arbeit mit den Rindern bewährt, schrumpft der Warmblutbestand immer mehr zugunsten der Araber.

Die Nachzucht des Rappen ist extrem rittig und erfolgreich auf den Turnieren unterwegs. 1999 beschließt man im Familienrat – in Anlehnung an die USA – gezielt arabische Reitpferde mit besonders ausgeglichenem Interieur speziell für den Westernreitsport zu züchten. Gezielte Anpaarungen sportlich erfolgreicher US-Vererber mit dem eigenen Stutenstamm bringen die erwünschten Ergebnisse.

2008 erringt der sechzehnjährige Braune trotz Sturzes im Trail den Europameistertitel als Allroundchampion. Die Reitinstruktorin in Westernreiten ist von ihrem festen Job auf dem Fronleitenhof mehr als begeistert: „Bessere Bedingungen als hier kann sich niemand wünschen. Alles passt menschlich und fachlich perfekt zusammen. Heidi ist bei jeder Geburt dabei und kümmert sich einfach um alles. Die Pferde sind von Anfang an mit Menschen zusammen, freundlich und kooperativ, top aufgezogen und auch untereinander sozialisiert. Verschmuste ‚Weiberpferde‘ und doch so erfolgreich! Ich kann mich nur selbst beneiden."

Seit ihrem zwölften Lebensjahr sitzt Doris im Sattel und blickt auf jede Menge Erfahrung zurück. Mit den sensiblen Arabern fühlt sie sich besonders wohl: „Je nachdem, ob ein Pferd – und gerade ein Hengst – von Anfang

Perfektes Aushängeschild ist Saphir: „Vierjährig hat er sich auswärts den Meniskus eingerissen. Zehn Monate Boxenruhe – eine Qual für so einen jungen Hengst, gleichzeitig aber auch der ultimative Charaktertest!" meint Leona „Der Braune blieb lieb und umgänglich. Mit Fünf konnten wir ihn dann endlich reiten. Er wurde sofort österreichischer Meister im Trail und gewann die Bronzemedaille bei der Europameisterschaft in Pleasure und Trail." Sicher auch ein Verdienst von Doris Pfann, die Leona und ihren zugekauften Wallach Etan seit 2002 trainiert.

an ausschließlich von Männern oder Frauen gearbeitet wird, wird es entsprechen geprägt. Im Gegensatz zu vielen anderen Westernrassen kommt man bei Arabern mit Kraft nicht weit. Diese Pferde kann man nicht zwingen. Man muss sie überzeugen. Mit Herz und Gefühl. Dann machen sie alles für einen." Das kostet aber Zeit und die bringt nicht jeder Reiter gerne auf, wie Doris weiß: „Im Quarter-Westernsport wird überwiegend alles über Profis gemacht. Da leisten Trainer die ganze Arbeit, zwei Minuten vor der Prüfung setzen sich die Besitzer drauf und holen sich die Pokale. Das geht mit Arabern überhaupt nicht. Zu diesen Pferden muss man eine Beziehung aufbauen. Nur wenn man ernsthaft und konsequent arbeitet, kann man dann auch gemeinsam etwas erreichen."

Am eigenen Leib bekommt das die Trainerin mit dem 2005 gekauften Hengst Baikal zu spüren.

Schon lange beobachtete und bewunderte Familie Dries den imposanten Fuchs auf Westernturnieren. Schließlich wollten sie ihre Stuten mit ihm decken, erwähnten aber, dass sie auch an einem Kauf interessiert wären. Leona hätte nie zu hoffen gewagt, dass sie das Pferd je bekommen würden „aber der Besitzer kannte uns seit langer Zeit, wollte auf Quarter umsteigen und war bereit, ihn herzugeben."

Der Hengst macht es Doris nicht leicht: „Baikal ist ein wunderschöner Eyecatcher, kompakt mit viel Ausdruck und Charme, aber er hat auch einen starken Charakter." betont Doris. „Ein 'durch-viele-Hände-gegangenes' Tier mit der Einstellung 'schauen wir mal, was mein Reiter so drauf hat'. Baikal meinte stets, alles besser zu wissen und wehe, das Pferd war anderer Meinung als ich. Dann wurde er richtig stinkig und spulte wahllos irgendwelche Manöver oder Muster ab. Wenn es mal gepasst hat, haben wir gewonnen. Wenn nicht, wurde es peinlich."

Inzwischen haben sich die beiden aufeinander eingestellt und gegenseitig schätzen gelernt. Doris liebt den Star im Stall heiß und innig, kann den Hengst ohne Halfter reiten und feiert mit ihm nach drei Jahren „Eingewöhnungszeit" auf der Europameisterschaft 2008 – unter rund sechzig Teilnehmern – unglaubliche Erfolge. Bei der „Type and Conformation"- Beurteilung setzt sich Baikal als schönstes

Westernpferd durch, gewinnt die Freestyle Reining, sowie die Silbermedaille im Trail. Am Schluss steht er im Finale der schweren Reining, dem Höhepunkt der Veranstaltung. Doris wird diesen Moment nie vergessen: „Vier Prüfungen täglich. Ich war fix und fertig, aber Baikal hatte die Ohren immer bei mir. Er ignorierte alle Stuten, trug mich stolz in die Bahn und schien zu sagen: Wir machen das jetzt! Das Pferd war absolut großartig. Nur durch Übereifer und einen Fehler von mir haben wir den Titel in der Königsklasse hauchdünn verfehlt. Aber zweimal Vizeeuropameister ist ja für ihn auch schon was, oder?" zwinkert sie ihren Teamkolleginnen zu, denn im Trail hatte sie sich mit Saphir ja sogar selber geschlagen.

Ein Kärntner Herz für schwierige Fälle

Da Vinci ist ein auffallend schöner, großrahmiger Rappe – sehr harmonisch gebaut, lackschwarz mit kleinen, weißen Abzeichen – eine elegante Erscheinung. Noch steht er in der Stallgasse. Links und rechts sorgfältig mit Führstricken gesichert. Auf dem Pedigree findet man mit Vererbern wie Donnerhall und Rubinstein nur allerfeinstes Dressurblut. Dementsprechend bereiten wir uns auf ein normales „Dressurreiten-Shooting" vor. Da Vinci ist spiegelblank gewienert und kunstvoll mit genähten Zöpfen eingeflochten. Jedes Körnchen Staub wird aus seinem ausdrucksvollen Gesicht entfernt, die feinen Nüstern mit Tüchern gereinigt.

Seidig schimmern sie im Licht der Stallbeleuchtung. Auch Besitzerin Claudia Jaklic hat sich fein gemacht und reitet in Frack mit Zylinder. Ein letztes Mal poliert sie ihre Stiefel. Ich gehe an Da Vinci vorbei, in Richtung Halle. Spielerisch schnappt der Hannoveraner nach mir. Reflexartig gebe ich ihm einen Klaps auf die Nase und denke mir nichts dabei.

das Pferd auf seiner doppelt gebrochenen Wassertrense. Schließlich pariert Claudia durch und lächelt mir zu: „Wir können jetzt auf den Platz!"

Jede Menge vierbeinige Zaungäste stehen draußen in ihren Paddocks und beobachten uns interessiert bei der Arbeit.

Da Vinci zeigt die erforderlichen Lektionen und wir fotografieren zügig unsere Motive durch, bis der Rappe urplötzlich scheut und nicht gerade zimperlich die Mitarbeit verweigert.

Seine Reiterin hält sich tapfer im Sattel und ruft ihn so sanft wie möglich zur Ordnung. Diesmal scheint neben mir Claudias Mann Peter die Luft anzuhalten, aber ich denke mir wieder nichts dabei. Bei Dressurpferden kann so ein launiges Verhalten immer wieder mal vorkommen und ich sehe ja ganz deutlich, dass der Wallach von seinen jetzigen Besitzern überaus verständnisvoll und fachgerecht behandelt und ausgebildet wird!

Eigentlich hängt Claudias Herz ja an der österreichischen Warmblutstute Erlenstar: „Wir kauften sie mit einem halben Jahr und sie bleib auf der Aufzuchtskoppel. Man hat uns allerdings verschwiegen, dass sie dort einen schweren Unfall mit Beckenbruch gehabt haben muss. Angeblich wäre das

Hinter mir zuckt Jasmin, Claudias Tochter, erschrocken zusammen. Nicht in Sorge um das Pferd, aber das werde ich erst später erfahren.

Die Reiterin möchte die Bilder lieber in der Halle machen, aber ich bestehe darauf, den schönen Außenplatz zu nutzen. Mit Bedacht wärmt Claudia Da Vinci in der Halle auf und lässt sich dabei viel Zeit mit der Lösungsphase. Locker und vorwärts-abwärts traben die beiden erst mal einige Runden. Danach folgen verschiedene Gangartwechsel und Seitengänge. Das Pferd stellt und biegt sich brav in die geforderten Richtungen. Mehr und mehr bittet die Reiterin den Rappen mit feiner Hilfengebung darum, sich vermehrt auf die Hinterhand zu setzen. Im Gegensatz zu vielen namhaften Dressurreitern braucht sie dafür keine Rollkur. Langsam intensiviert sie die versammelnden Übungen. Je nach Tempo werden Da Vincis Tritte erhabener oder raumgreifender. Sauber springt der Achtjährige fliegende Galoppwechsel. Zufrieden kaut

in der großen Herde untergegangen." Als die Stute dreijährig in den Stall kommt und anlongiert werden soll, stürzt
sie rechtsherum beim Angaloppieren. Unfallchirurg Peter
erkennt die Ursache: „Das Becken war total schief zusam-
mengewachsen! Sie konnte noch nicht mal auf der Koppel
auf der rechten Hand galoppieren. Es war schrecklich." Ein
Jahr lang baut Claudia die Muskeln des Fuchses gezielt nur
mit Handarbeit auf. Dann kann sie zum ersten Mal aufsitzen.
Heute ist die Stute acht und immer noch total schief, aber S-
Dressur platziert, obwohl sie ohne Reiter immer noch beim
Rechtsgalopp umfällt.

Deshalb fotografieren wir sie lieber an der Hand einer strahlenden Claudia: „Erlenstar ist sensibel, aber hart im Nehmen und sie dankt uns die ganze Fürsorge mit ihrem wunderbaren Wesen."

Aber zurück zu Da Vinci: Wir bringen ihn auf eine schöne Waldkoppel. Zwei Helfer schicken das Pferd mit Longierpeitschen an die optimalen Stellen der Location. Als der Rappe direkt vor mir zum Stehen kommt, animiere ich ihn selber zum Weiterlaufen. Er ist nicht sonderlich beeindruckt und ich werde deutlich energischer. Diesmal höre ich Claudia die Luft durch die Zähen ziehen. Was ist hier nur los? Alles klappt doch wunderbar! Voll vertieft in die Arbeit fotografiere ich die Serie fertig und freue mich über die schönen Motive.

Beim Kaffee im Reiterstüberl erfahre ich dann etwas mehr über mein vierbeiniges Modell. Mir stehen die Haare zu Berge, als die Jaklics berichten, wer oder was Da Vinci wirklich ist: „Schon wegen seiner makellosen Abstammung

17

wurde er in Deutschland als Hengstanwärter aufgezogen. Beim Anreiten erlitt er einen Unterkieferbruch und wurde nicht gekört. Die Erfahrungen, die er bis dahin gemacht hatte, waren wahrscheinlich nicht gerade gut," vermutet Claudia. Man verkauft den Hengst nach Österreich. „Bei der Hengstleistungsprüfung in Stadl Paura fiel er – gelinde gesagt – mit Pauken und Trompeten durch," seufzt Peter. „Er war nämlich nicht gerade kooperativ. Kaum einer konnte sich überhaupt auf ihm halten! Die machten alle den Abgang. Charakter und Rittigkeit waren die reinste Katastrophe." Claudia kennt die Ursache für Da Vincis widersetzliches Verhalten: „Dieses Pferd ist unglaublich selbstbewusst und hat vor nichts Angst. Es wehrt sich gegen jede Art von Druck. Und zwar vehement mit aller Kraft. Wer weiß, was ihm schon alles widerfahren ist, wenn sich jemand an ihm beweisen wollte. Hinzu kommt außerdem, dass er keine Strafe akzeptiert. Er kann in so einem Fall zur Furie werden und dann hält ihn nichts und niemand."

Autsch! Hatte ich Da Vinci im Stall nicht diesen Klaps gegeben? Und wie war das auf dem Platz? Wie knapp sind wir da einer Katastrophe entgangen? Auf der Koppel habe ich auch jede Menge Druck ausgeübt, um ihn von mir fort zu schicken. Claudia kann meine Gedanken erraten: „So ganz wohl war uns nicht dabei, als du so energisch auf ihn zumarschiert bist, aber seit er hier ist, hat sich schon Vieles gebessert!"

den Respekt vor dieser ungeheuer kraftvollen Kreatur verlieren! Da Vinci war mir eine Lehre. Auf den ersten Blick völlig harmlos, ist und bleibt er doch ein unberechenbares Tier, wie andere Pferde auch. Der Rappe hatte ungeheures Glück, dass er in verständnisvolle Hände geriet. Claudia Jaklic ist bereit, sich und ihr Können in seine Dienste zu stellen. Sie verzichtet dafür größtenteils auf ihre sehr erfolgreiche Turnierkarriere mit anderen Pferden und weiß, dass der Erfolg keineswegs sicher ist. Ich arbeite sehr gerne mit solchen Reitern. Sie reden nicht von Horsemanship und Pferdeliebe, sondern praktizieren sie! In meinen Augen verdienen sie mehr Anerkennung als ein „normaler" Turniersieger, denn sie kämpfen täglich ums Gewinnen.

Aber wie kommt dieses Tier dann nach Kärnten? Jasmin, ebenfalls erfolgreiche Turnierreiterin und Trainerin berichtet: „Nachdem er die Leistungsprüfung nicht bestanden hat, kam er zu meiner Mutter in Beritt. Sie war der erste Reiter, den der Hengst akzeptierte." Aber nur im Sattel, wie Claudia betont: „Beim Reiten hab ich mich immer recht wohl gefühlt. Wenn man ihn fair behandelt, kann man ihn auch mal anpacken. Aber im Umgang ist und bleibt er einfach eine absolute Katastrophe!" Und warum gehört er jetzt der Familie Jaklic? Peter zuckt die Achseln: „Irgendwann kapitulierte sein Besitzer und wir kauften ihn, denn sonst wäre er womöglich beim Schlachter gelandet und das hat er doch wirklich nicht verdient, oder?" Kastriert wird Da Vinci aber erst nach einer gefährlichen Hodendrehung. Die OP kostet ihn fast das Leben, aber wirklich ruhiger ist er auch danach nicht geworden. Claudias Erfolgsrezept mit diesem Pferd ist unkonventionell aber erfolgreich. Es beinhaltet Liebe, Geduld und Samthandschuhe.

Ich habe im Jahr mit Hunderten von Pferden zu tun. Routine und Erfahrung verhelfen mir zu guten Bildern, aber selbst 35 Jahre Erfahrung mit Pferden reichen eben lange noch nicht aus, um alle Gefahren auf Anhieb richtig einzuschätzen. Man kann einem Pferd vertrauen, sollte aber nie

Wanderer zwischen den Welten

Hannes Kirchmayr hat viel Freude an seinem Dressurpferd. Die Piaffe des Hengstes ist lehrbuchmäßig. Taktrein mit tief gesenkten Hanken, akzentuierter Vorderhand und hoher Aufrichtung zaubert sie ein strahlendes Lächeln auf das Gesicht des Reiters.

Munter blitzen auch die Augen des Pferdes. Es hat sichtlich Spaß an seiner Arbeit. Die Ausführung der schwierigen Lektion ist erstklassig. Noch erstaunlicher und wahrscheinlich auch absolut einmalig ist jedoch die Tatsache, dass Fjölnir ein Isländer ist. Neben Schritt, Trab und Galopp beherrscht der Schwarzbraune auch Tölt und Pass und startet damit erfolgreich auf Turnieren. In dieser Szene dreht sich normalerweise alles um den Tölt. Auf der anderen Seite können Isländer in den Augen der meisten Dressur-Puristen noch nicht einmal korrekt traben. Hannes und Fjölnir wissen es besser.

Sie beherrschen den Spagat zwischen beiden Reitstilen und belegen dies gleich mit einem herrlich lockeren vorwärts-abwärts

Trab. Wie kommt ein professioneller Islandreiter, -trainer und -züchter auf die Idee, mit seinem erfolgreichen Deckhengst klassische Dressur zu reiten?

Schuld daran ist zum einen Michael Laußegger, zwölf Jahre Mitglied der Spanischen Hofreitschule, bei dem Hannes seit Winter 2006/07 Unterricht nimmt. Zum anderen eine erstaunliche Erkenntnis von Reitlehrer Hannes: „Dieses 'über-den-Tellerrand-schauen' eröffnet völlig neue Perspektiven. Ich reite seit mehr als 30 Jahre, habe eine offizielle Lizenz und lerne jetzt erst, sauber durchzuparieren. Immerhin – besser spät, als nie. Und bei der klassischen Dressurarbeit beeindruckt mich wirklich, mit welcher Intensität man ein Pferd arbeiten, es mental und körperlich fördern kann. Das eröffnet völlig neue Perspektiven, denn die Islandpferdereiterei ist eine reine Gebrauchsreiterei. Kein Kulturgut, sondern Garant des Überlebens auf einer rauen Insel."

Die Öffnung nach allen Seiten verlangt einen offenen Geist und der herrscht auf dem Islandpferdehof Gut Pöllndorf im

schönen Mostviertel. Rund 120 Pferde werden hier artgerecht und bestens in Paddockboxen oder Offenställen versorgt.

Dafür steht die Familie Kirchmayr. Hannes liebte Pferde schon immer und betreute bereits als Siebenjähriger einen Shettyhengst. Leider fehlte es zu dieser Zeit an Unterstützung durch die Eltern und so endete die junge Reiterkarriere vorzeitig, noch bevor sie richtig begonnen hatte. 1975 erscheint ein Zeitungsartikel über Islandpferde. Dieser veranlasst Weinhändler Hans Kirchmayr den Familienurlaub mit fünf Kindern im „Windhof" – Islandpferdezentrum von Johannes Hoyos – zu verbringen. Nie wird Hannes seinen ersten Ausritt als Fünfzehnjähriger vergessen: „Uns allen standen nach dem ersten Galopp Tränen der Begeisterung in den Augen!"

Danach sieht der Papa im Reitsport eine Möglichkeit, Angenehmes mit dem Nützlichen zu verbinden: Ein familienfreundliches Hobby und Tourismusförderung in der Region. Vier Familien gründen den Reitverein Weistrach

21

und kaufen gemeinsam sechs Isländer. „Viel Begeisterung und wenig Kompetenz," beschreibt Hannes ganz nüchtern die damalige Situation. „Wir haben sämtliche Fehler gemacht, die denkbar und möglich gewesen sind. Irgendwie haben es die Pferde überlebt oder uns verziehen." In der Endphase seines Volkswirtschaftsstudium erkennt Hannes, dass die Pferdegeschichte wohl zu seinem Lebensthema wird: „Der Verein war extrem erfolgreich und hatte die Möglichkeit 1985 in Pöllndorf einen großen Hof zu übernehmen." Hannes stellt sich der verantwortungsvolle Aufgabe gemeinsam mit seiner Frau Barbara und einer engagierten Gruppe junger Enthusiasten: „Die Begeisterung ist bis heute geblieben, die Kompetenz zum Glück gewaltig gewachsen!"

Mit einer perfekt und doch familiär durchgeführten Europameisterschaft im Islandpferdereiten besteht die Anlage 1987 ihre Feuertaufe: „Hier ging es um alles oder nichts. Hopp oder dropp – wie es so schön heißt. Der Vorstand

professionelle Ausrichtung des Betriebes. Heute liegt die Verantwortlichkeit der selbst aufgebauten Anlage rein in Kirchmayrs Händen, während der Verein die Islandpferdereiterei auf vielfältige Weise fördert: „Diese Rasse ist einfach extrem alltagstauglich. Wir können vom Sport über Freizeit-, und Kinderunterricht bis hin zu Hippotherapie alles mit den Isländern abdecken."

Gerne begrüßt Hannes auch Fremdtrainer in Pöllndorf: „Man muss über den Dingen stehen und die Kompetenz anderer anerkennen. Wir freuen uns über Synergieeffekte, kennen keine Berührungsängste und sind offen nach allen Seiten." Sein Faible fürs Dressurreiten ist in der Szene bekannt: „Meinen Hengst, dessen drei Halbbrüder in der Spitze des europäischen Sportgeschehens mitlaufen, bekam ich vom mehrfachen Weltmeister Magnus Skularson empfohlen. Seine Frau erwähnte dabei, dass ich mit ihm all die verrückten Dinge tun könnte, die ich so gerne mag. Damit meinte sie natürlich das Dressurreiten."

vertraute uns Jungspunden und half mit persönlichen Bürgschaften sowie großen Investitionen, Stallungen, Pass- und Ovalbahn herzurichten." Der unerwartete Erfolg der Riesenveranstaltung war gleichzeitig Startschuss für eine

Der extrem gut ausbalancierte Fjölnir frá Efri-Raudalaek war Hannes sofort sympathisch und bereichert den Hof in reiterlicher und züchterischer Hinsicht. Seine Fohlen sind in Oberlinie, Aufrichtung und Schulterpartie deutlich besser als ihre Mütter und erben durch die Bank seine elastischen Gänge. Hannes findet ihn einfach nur großartig: „Wenn man einen Pferdebetrieb hat, muss man sich auch mal selbst mit guten Pferden motivieren und reiterlich weiter entwickeln."

Eine ganz spezielle Entwicklung wünscht sich Hannes Kirchmayr auch für den Isländersport. Der wird nämlich von außen nicht immer ganz wohlwollend betrachtet: „Von 1997 bis 2008 war ich Ausbildungsleiter im Vorstand der FEIF (Internationale Föderation der Islandpferde-Vereine), dem Dachverband aller nationaler Islandpferdevereinigungen und wurde oft mit harscher Kritik konfrontiert. Dabei ging es nicht um den ästhetischen Widerspruch zwischen großen Reitern und kleinen Pferden, sondern vor allem um deren Vorstellung und Training." Der Chef des Islandpferdehofes Gut Pöllndorf hat für diese Beschwerden ein offenes

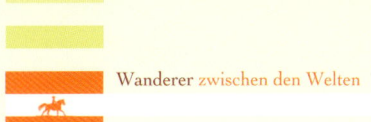
Anpiaffieren baute er als Krafttraining spielerisch in die Arbeit ein. Das Ergebnis war phänomenal. Wir haben Fjölnir glatt mit unserer Begeisterung angesteckt. Er piaffiert jetzt nicht nur gut, sondern auch gern! Michael geht es aber nicht um das Erreichen von diesem oder jenem Level, sondern darum, dass man auf dem Weg ist, immer qualitätsvoller zu reiten und an sich den Anspruch stellt, seinem Pferd, egal welcher Rasse, immer besser zu entsprechen." Nicht zu vergessen das Suchtpotential, das Schwebephasen im Trab oder ein erhaben schreitender Schritt entwickeln kann. Hannes verdreht genussvoll die Augen: „Irgendwann mal hatte ich den Traum, mir zum fünfzigsten Geburtstag einen Lusitano zu gönnen. Das brauche ich jetzt nicht mehr."

Ohr: „Die Islandpferdereiterei krankt daran, dass verspannte Pferde mit überzogener Vorhandaktion und absoluter Aufrichtung bei untätiger Hinterhand immer noch höher bewertet werden als losgelassene, zufriedene Pferde in relativer Aufrichtung. Hoffentlich ändert sich dieses Bild irgendwann einmal. Warum sollte die klassische Ausbildungsskala mit losgelassenen, in allen Gangarten taktreinen Pferden nicht auch für einen Isländer gelten? Trotz exterieurbedingter Einschränkungen: Wir müssen und können auch diese Rasse nach den Kriterien klassischer Reitkunst ausbilden und bewerten." Eine provokante Forderung, aber Hannes Kirchmayr glaubt fest daran, dass es der einzige Weg sei, dem Islandpferdesport das Image zurückzugeben, das er verdient: „Dabei geht es mir vor allem um eine grundsolide Basisarbeit. Sie ermöglicht es, Islandpferde in einer Art und Weise vorzustellen, die auch von Reitern anderer Disziplinen oder Laien positiv bewertet wird."

Die Szene befindet sich zwar im Umbruch, aber ob Kirchmayrs Einstellung das Zeug zum Gangpferde-Mainstream hat? Er wird seinen neu entdeckten Weg jedenfalls nicht verlassen: „Michael Laußegger hat mir und einigen anderen auch die Augen geöffnet. Bei ihm lernte ich, Pferde durch korrekte Arbeit runder, schöner und stärker zu machen. Das

Der
reitende
Troubadour

Wetten werden gerne angenommen: Ist Hilmar Schmidtke nun ein singender Reiter oder ein reitender Sänger? Schwer zu sagen, denn an beidem hängt sein Herz. Aus einem dieser Hobbys wurde bereits ein Beruf – oder sollte man es Berufung nennen? Immerhin kann der Norddeutsche auf berühmte Lehrer zurückblicken und sitzt fast zwanzig Jahre im Sattel.

Seit einigen Jahren wohnt und arbeitet er in Wien, stets begleitet von den beiden liebenswerten, stets bestens gelaunten Mopsdamen Antoinette und Lilo: „Ich hätte nie geglaubt, was für ein Unterrichtsbedarf in dieser Region besteht. Man schwelgt im Lipizzanerrausch, traut aber offensichtlich keiner anderen Rasse außer dem deutschen Warmblut zu, irgendeine Dressurlektion gehen zu können. Ich piaffiere Haflinger oder Ponys genauso wie Warmblüter oder meine Kladruber!"

Mit Haflingern beginnt Hilmars reiterliche Laufbahn: „Irgendwie finanzierte ich mit zwölf Jahren meine eigenen

Reitstunden. Haflinger Iwan war meine erste Reitbeteiligung. Er war erst vier, benahm sich einfach schrecklich und vermieste mir das Reiten gründlich." Trotzdem stellte er das Pferd in einer Dressurprüfung vor. Als der Richter kommentierte, dass er Haflinger auf Turnieren eigentlich nicht sehen wolle, hängt der brüskierte Achtzehnjährige die Reitstiefel erst einmal an den Nagel.

Eine Arbeitskollegin schleppt Hilmar irgendwann mal mit in ihren Stall. Dort trifft er auf eine bunte Truppe. Westernreiter, Distanzpferde, Iberer, Traber und vieles mehr eröffnen dem ehemaligen Schulpferdereiter ganz neue Perspektiven. Durch die Reitbeteiligung an einem Camarguehengst, dessen Besitzerin Kurse beim dänischen Barockausbilder Bent Branderup belegt, kommt Hilmar auf die „barocke Schiene". Alle vier Wochen geht es zum Unterricht: „Bent war damals sehr engagiert und hat sich viel Zeit für uns genommen. Das war etwas anderes, als die Schreierei mit 'Hacken tief!', die ich gewohnt war."

Hilmar lernt viele neue Ausbildungsmethoden, wie Handarbeit oder Langer Zügel. Er hat den Mut, alles auszuprobieren

„Damals wog ich gut 100 Kilogramm und beschloss in meiner Begeisterung, ein Praktikum bei Bent Branderup zu machen." Auf Witigis, dem Lehrpferd für Praktikanten, darf der große Blonde richtige Dressurluft schnuppern und lernt saubere Wechsel, Seitengänge und Piaffen. Seine Lernfortschritte probiert er gleich mit Saphia aus. Die schwierige Stute fordert Hilmar enorm, bringt ihm aber auch eine Menge bei. Rosig ist die Zeit bei Branderup jedoch nicht: „Ich arbeitete wie ein Tier und bekam im wahrsten Sinne des Wortes mein Fett weg. Seit dieser Zeit habe ich keine Probleme mehr mit meiner Figur. Nach sechs Monaten war ich jedoch körperlich völlig fertig."

In seiner Verzweiflung schreibt er eine pikante Postkarte an eine Freundin, die damals Praktikantin beim besten deutschen Barockreiter Richard Hinrichs ist. Leider dringt der Inhalt der Karte an die Öffentlichkeit und belustigt den ganzen Stall. Als sich Hilmar später um eine Praktikumsstelle bei dem berühmten Ausbilder bemüht, weiß der natürlich sofort, wen er da vor sich hat. Seine Reaktion: „Wissen Sie, meine Praktikanten müssen im Wesentlichen zwei Eigenschaften haben: Sie sollten einigermaßen reiten können und einen gewissen Unterhaltungswert haben. Letzteres haben sie bereits bewiesen, also steigen sie jetzt mal in den Sattel." Von der polnischen Schlachtstute ist der Reitmeister sofort angetan: „So schief und so eine schöne Piaffe!" Hilmar erhält die begehrte Stelle, zieht nach Hannover und bleibt ein halbes Jahr. Seit 1998 ist Hilmar Berufsreiter, verfolgt jedoch gleichzeitig seine Gesangsausbildung.

Zwei Jahre später kauft er gemeinsam mit einer Mäzenin den jungen Kladruberhengst Generalissimus Colessa. Bei dieser Rasse kommt Hilmar ins Schwärmen: „So mächtige Pferde und trotzdem so herrlich leicht zu reiten."

Auf Einladung eines pferdebegeisterten Wiener Opernsängers bricht der Deutsche die Zelte im kühlen Norden ab. „Reiten gegen Gesangsstunden" ist der Deal, der ihn in die Weltstadt der Musik führt. Hilmars erster Operettenauftritt findet jedoch nicht als Sänger, sondern als Reiter statt. Im Frühling 2004 sucht die Operettenbühne Wien einen Lipizzaner-Levadeur, der in einer Musikproduktion auf der Rennbahn gemeinsam mit Sängerinnen und Sängern Hohe Schule

und verliert die Ehrfurcht vor schweren Lektionen: „Jedes Pferd kann mit Piaffen oder Seitengängen glänzen und viel mehr lernen, als man denkt." Die bildschöne Haflingerstute Halla mit Fohlen bei Fuß wird Hilmars erstes eigenes Pferd. Leider lebt sie nicht lange. Den nächsten Vierbeiner kauft er gleich von einem polnischen Schlachtpferdetransport. Saphia ist absolut unreitbar, entwickelt sich aber bei der Handarbeit und am Langen Zügel. Bald zeigt sie eine wunderbare Piaffe.

zeigen soll. Hilmar trainiert Maestoso Ancona bereits seit einiger Zeit und wird für zwölf Vorstellungen engagiert: „Ich bin wahrscheinlich der einzige, der jemals auf der Wiener Trabrennbahn über die Ziellinie passagiert ist!"

Mundpropaganda versorgt den jungen Mann mit neuen Schülern. „Anfangs habe ich natürlich nicht jedem auf die Nase gebunden, dass ich aus der barocken Ecke komme", berichtet Hilmar. „Alle sahen in mir den großen blonden Dressurreiter aus Norddeutschland. Viele fragten nach Turniererfolgen, die ich aber nicht vorweisen konnte. Ich wollte jedoch unbedingt gute Berittpferde und kam nicht drum herum, mich umzuorientieren."

Dazu muss der Hohe Schule reitende Deutsche erst mal sämtliche vorgeschriebenen Abzeichen und Lizenzen nachholen. Eine nach der anderen. Los geht es mit Reiterpass samt Minigeländeprüfung und Reiternadel mit A-Dressur und Parcours. Hilmar verdreht nur die Augen. „Das war schon komisch, mit all den Kindern herumzureiten." Dann macht er sich an die Turnier-Startberechtigungen. Im Mai 2004 hatte Hilmar seinen zweiten Kladruber Sacramoso Xantora von einer ehemaligen Schülerin übernommen und den Rappen gut gefördert: „Ich wollte nicht tingeln, sondern so schnell wie möglich nach oben. Teilweise startete ich bei einem Turnier mit Oldenburger Liberty und dem tschechischen 'Moppelpferd' in sechs Prüfungen hintereinander und konnte mich damit an einem Tag für die nächsthöhere Klasse qualifizieren." Nach drei Monaten reitet Hilmar M-Musikküren. „Jetzt war ich der sonderbare Deutsche, der mit einem Kladruber Turniere reitet und das auch noch erfolgreich!" Seit 2005 startet Hilmar Schmidtke mit selbst ausgebildeten Berittpferden erfolgreich auf S-Dressuren und ist seitdem nur noch mit der Reiterei beschäftigt. Damit wäre die Frage, ob „Sänger" oder „Reiter" für den Moment eindeutig geklärt.

Zur Erweiterung seines Horizontes hat Hilmar übrigens auch mit dem Springreiten angefangen. Ironischerweise mit einem deutschen Dressurpferd bei einem ehemaligen Eleven der Spanischen Hofreitschule, der keine Lust mehr zum Dressurreiten hatte. Was kommt als nächstes? „Ich bin auch weiterhin offen für alles. Selbst vom Blödesten kann man noch etwas lernen – und das meine ich so, wie ich es sage!"

Selfmademan

zwischen

Stall und Hotel

Die Aussicht ist grandios. Das Hochplateau von Bad Tatzmannsdorf lässt weit blicken. Sanft schwingt das südburgenländische Hügelland Richtung Alpen. In seinem Burgenlandresort legt Karl J. Reiter jedem die Welt zu Füßen. 120 Hektar Erholung mit zwei Hotels, Österreichs größtem SPA, Golf- und Country Club, Lauf- und Walkingarea, Tennisplätzen und einer traumhaften Reitanlage. Auf ausgedehnten Koppeln grasen Wasserbüffel, weiße Esel, Minipferde, Hochlandrinder und Lipizzaner. Der Hausherr weiß, welches Juwel er hier hegt und pflegt: „Ich habe eine Wohlfühloase geschaffen, wo Spannung bekommt, wer Anspannung sucht, und Entspannung findet, wer Entspannung braucht."

Als Erfinder des heimischen „Wellnessurlaubs" setzt er mit seinem neuesten Projekt wieder einmal völlig neue Maßstäbe in Punkto Komfort und Qualität. Gewandtes, dynamisches Auftreten, lange, blonde Haare und eine legere

Kleidung verleihen dem Tiroler, Jahrgang 1949, einen jugendlichen Touch. Stets persönlich präsent und mit der weißen Schäferhündin Lea an seiner Seite bleibt Karl Reiter seiner Philosophie treu: „Auf dem Boden bleiben, die Natur lieben und mit viel Herz ein besonderer Gastgeber sein." Sein berühmtes Posthotel in Achenkirch hat er inzwischen Sohn Karl übergeben. In einem Alter, wo andere Erfolgsmenschen beginnen, langsam an ihren Ruhestand zu denken, hat er sich einer neuen Lebensaufgabe zugewendet: „Eigentlich wollte ich ein Hotel in Miami am Strand, aber wahrscheinlich bin ich hier viel glücklicher. Heimat ist halt Heimat." Das gewaltige Hotelimperium fordert jedoch seinen Tribut. Reiters Zeit ist knapp bemessen. Auf die Minute genau erscheint er zum Fotoshooting, posiert kurz neben Lipizzanerstute Trompeta und ist schon wieder verschwunden: „Ihr macht das schon mit den Pferdebildern!"

Am Abend schafft er es, sich eine Stunde frei zu machen und berichtet von seinem Werdegang. Pferdeverrückt wäre er schon immer gewesen. So sehr, dass er noch nicht einmal vor einer Entführung zurückgeschreckt sei: „Mit fünf beobachtete

ich heimlich, wie sich mein Vater und der Pferdehändler unterhielten. Dabei ging es offensichtlich um den Verkauf unserer letzten beiden Noriker!" Schockiert rennt Klein-Karl in den Stall, schnappt sich Hansi und Fanny und verschwindet samt der mächtigen Kaltblüter im Wald. Die Eskapaden des ungleichen Trios verursachen ein Riesentheater. „Immerhin versprach mir mein Vater fürs nächste Frühjahr ein Haflingerfohlen", erinnert sich Reiter. Obwohl der Großvater durch lebenslange, harte Arbeit und unermüdlichen Fleiß früher über fünfzig Rinder und zwanzig Pferde im Stall der Posthalterei hatte, kann der Vater das gut gemeinte Versprechen nicht einlösen. Dazu reicht das Geld bei den Reiters zu dieser Zeit einfach nicht. Ihr Gasthof in Achenkirch wirft nur das Allernötigste ab. Trotzdem hat die Großmutter eine Vision, wenn sie ihre Enkel beim „Pferdspielen" beobachtet: „Für den Karl wäre doch ein Lipizzaner was." Das erwähnt die alte Dame immer wieder. 1963 fragt er in Lipizza nach einer gedeckten Stute: „Sie verlangten ungefähr 20.000 Mark. Ich konnte mir nicht vorstellen, dass ich mir das mal leisten könnte" lächelt Reiter.

1969 kommt das Ende. Das Wirtshaus wird von der Familie verpachtet. Karl ist zwanzig. Was nützt ihm die Liebe zur Natur und Landwirtschaft, wenn er damit nicht überleben kann? Zwangsläufig zieht er in die Welt, um sein Glück woanders zu suchen. Der Österreicher arbeitet in Londoner und Pariser Nobelhotels und wäre wohl heute noch unterwegs, wenn ihm nicht etwas dazwischen gekommen wäre: „Ich lernte meine Frau kennen und die wollte unbedingt ein gemeinsames 'Nest' bauen." Kurzerhand übernimmt er 1975 das Wirtshaus vom Pächter und legt los – aber nicht, ohne vorher ein Haflingerfohlen zu kaufen: Der Startschuss für Karl Reiters Pferdehaltung. „Mein Vater hat sich riesig gefreut. Später fuhr er die Pferde mit den Gästekutschen."

Karls kreative, innovative Ideen locken immer mehr Touristen an den Achensee. Der Betrieb samt Reitstall wächst und gedeiht, die Landwirtschaft wird wieder aktiviert und auch der Lipizzanertraum scheint in greifbare Nähe zu rücken. Trotzdem bleibt der Tiroler in Sachen Zucht erst mal bescheiden und beginnt, neben der Haflingerhaltung für die Touristen, ein Shetlandponygestüt aufzubauen: „Meine beste Stute Gitta war immerhin ein Schimmel und auch nicht gerade billig." 1982 erfindet Karl Reiter das „Wellness-Konzept" für sein inzwischen auf beeindruckende Größe angewachsenes Posthotel und wird damit zum Vorreiter einer ganz neuen Art Urlaub. Und wer weiß? Vielleicht hat sich der Hotelier 1984 mit dem Kauf seiner ersten Lipizzaner Stute belohnt? Im Kopf hat er nur noch das Jahr, nicht das Pferd. Verübeln kann man es ihm nicht, denn es dauert nicht lange,

da zählt seine Herde zu den größten privaten Lipizzaner-beständen Europas. Schön, wenn man sich auf einmal so eine Sammelleidenschaft leisten kann.

„Es waren so unglaublich viele! Ich kann mich unmöglich an alle erinnern. Sie kamen von überallher: Topolcanky, Ungarn, Rumänien... es gab Siglavy Storia, Roma und viele, viele mehr."

Echte „Perlen" im Stall werden im Laufe der Zeit fünf Schulhengste aus der Spanischen Hofreitschule. „Pluto Roviga, Maestoso Perla, Maestoso Saffa und Pluto Capriola. Einer war schöner und besser als der andere. Ein Jammer, dass wir damals nur so wenige Stuten hatten" bedauert Reiter, „meine Passion war wirklich das Züchten und vielleicht ein bisschen das Fahren" gesteht der Hotelier. Die Stuten haben aber offensichtlich doch noch genügend Fohlen bekommen, denn der Tiroler heimst in den folgenden Jahren eine Zuchtprämierung nach der anderen ein. Europasieger, Vizeeuropasiegerin, Jungstutensiegerin, nationale Champions - zu zählen hat er auch hier längst aufgehört und geht auch nicht mehr zu den Wettbewerben: „Das erledigen jetzt Käufer meiner Nachzucht. Sie liegen auch immer vorne. Das reicht mir!" Damit ist Reiters größter Ehrgeiz befriedigt. Trotz seines besonderen Blickes und Gespürs für gute Pferde will er sich seine Zuchterfolge nicht zusammenkaufen, sondern selber erarbeiten. Schönheit alleine ist ihm dabei nicht genug: „Die größte Verantwortung liegt darin, auf ein gutes Interieur der Pferde zu achten und den Nerv zu haben, sie auch in diese Richtung hin zu selektionieren." Als Obmann des Verbandes oder als gewählter Präsident der

Lipican International Federation (LIF) setzt er sich seit Jahren mit Herz und Verstand für die noble Rasse ein. „Ich könnte ja alle möglichen Pferde züchten, aber das hier ist eben etwas ganz Besonderes. Lipizzanern widmet man sich nicht einfach aus kommerziellen Gründen. Da geht es um 'l´art pour l´art'. Sie sind ein altösterreichisches, barockes Kulturgut und unbedingt erhaltenswert. Allerdings muss das Marketing erheblich intensiviert und gefördert werden, damit sich die Schimmel als edle Fahr- oder Freizeitpferde etablieren und wieder mehr verbreiten können."

Auf der gepflegten, attraktiven Reitanlage des Resorts blinzeln die Lipizzaner entspannt in die Sonne und begrüßen freundlich jeden Besucher – auch die Hengste. 24 moderne Paddockboxen machen es möglich. Conversano Danesia und Neapolitano Batosta, zwei typvolle Deckhengste der Extraklasse fallen sofort ins Auge. Fürs Shooting werden sie shamponiert. Stoisch lassen sie die Prozedur über sich ergehen. Schimmelschicksal! Brav schreiten sie an den Stuten vorbei Richtung Koppel. Richtig wach werden sie erst, wenn das Halfter fällt. Jetzt packen die herrlichen Hengste ihre Persönlichkeit aus und zeigen, was alles in ihnen steckt. Erhabene Bewegungen wechseln mit explosionsartigen Temperamentsausbrüchen. Die Lipizzaner toben, steigen oder passagieren durchs saftige Grün und scheinen richtig Spaß daran zu haben, sich zu produzieren. Einst hat die K&K Monarchie diese Rasse erfolgreich für ihre „Shows" entwickelt. Das Talent dafür haben die Pferde heute noch intus! Den passenden königlich-kaiserlichen Charakter auch. Problemlos lassen sich die Hengste einfangen und marschieren wie die Lämmchen zurück zum Stall.

Temperierte Reithalle, Flutlichtaußenplatz und direkter Anschluss an über 400 Kilometer bestens erschlossenes Reitwandernetz tragen dazu bei, dass nicht nur Hotelgäste das Glück der Erde auf dem Rücken eines Lipizzaners erleben können. Täglich finden Unterricht oder Ausritte statt, aber auch Gastpferde sind herzlich willkommen. Hier gibt es Urlaub für Mensch und Pferd! Nur eines hat sich bei Karl J. Reiter trotz der nagelneuen Stallungen im Burgenlandresort nicht geändert: Aufwachsen darf die Nachzucht nach wie vor auf den Almen in Achenkirch.

Friesische
Perlen

Zart weht eine leichte Brise durch Taminos scheinbar end-los lange, schwarze Mähnenhaare.

Dank der gerade erst geöffneten Zöpfe, wallt die ganze Pracht in eleganten Locken den mächtigen, hoch aufgerich-teten Hals des Friesen hinunter. Interessiert begutachtet der Rappe das Treiben um ihn herum aus sanften, braunen Augen. Sein überaus nobel dreinblickender Kumpel Agelan steht dicht neben ihm. Selbstbewusst genießen beide Hengste den Rummel um ihre „Person". Ein Ausdruck, der für ein Pferd vielleicht nicht immer, für einen Friesen jedoch stets passend erscheint. Irgendwie ist diese Rasse ein wenig anders als das, was man gemeinhin so als Pferd kennt. Selbst blu-tige Laien fühlen sich zu den imposanten „Puschelpferden" hingezogen. Friesen sind einfach unglaublich nett und auf sehr spezielle Art ähnlich menschenbezogen wie ein Hund. Sie verleiten einfach dazu, allzu Menschliches in sie hinein-zuinterpretieren.

Kein Wunder, dass ihnen unzählige Pferdefreunde komplett verfallen – selbst wenn das korrekte Sitzen auf den ehemaligen Kutschpferden nicht immer ein bequemes Vergnügen ist und einiger Übung bedarf. Spitze Zungen behaupten, dass man mit einem Friesen mehr Zeit bei der Pflege als im Sattel verbringt, aber daran stören sich die überwiegend weiblichen Besitzer dieser Pferde nicht. Hingebungsvoll kümmern sie sich um das dichte Langhaar ihrer lackschwarzen Riesenbabys. Die Friesen wissen die Aufmerksamkeit sehr wohl zu schätzen. Vielleicht, weil ihnen während des Bürstens, Flechtens und Striegelns auch noch ganz nebenbei das eine oder andere Leckerli ins Maul geschoben wird? Das ist keineswegs abfällig oder ironisch gemeint. Bei diesen ganz besonderen Pferden fällt es eben besonders schwer, entgegen alles bessere Wissen, einen klaren Kopf zu behalten.

Den haben offensichtlich auch die Mitglieder des Friesenshowteams „Moments in Black", dessen Kernmannschaft im Wiener Raum und weitere Reiter in ganz Österreich angesiedelt sind, längst verloren. Anders ist es nicht zu erklären, dass erwachsene Damen nahezu jede Minute ihrer Freizeit ihrem Hobby opfern. Da wird nicht nur geritten, trainiert und diskutiert, sondern darüber hinaus Kostüme in schillernden Farben entworfen, genäht, probiert und angepasst. Der Fantasie sind dabei keine Grenzen gesetzt: schwerer Brokat, knisternde Seide, schimmernder Chiffon, feinste Spitze, verschlungene Borten und glitzernde Knöpfe. Je ausgefallener, desto besser! Dabei beschränkt sich die diffizile Arbeit mit Nadel und Faden nicht nur auf die Ausstattung der Reiterinnen. Auch die Pferde erhalten passende Outfits mit pompösen Schabracken, üppigem Vorderzeug und funkelnden Trensen. Der alte Mädchentraum „Prinzessin spielen" – für die Mitglieder der „Moments in Black" wird er bei jedem Auftritt zur Realität.

Den Anfang machten Gabi und Gaby 1994. Sie sind bis über beide Ohren verliebt in die Friesen Odin und Nantus. Gemeinsam reiten sie Pas de deux. Babsi ergänzt mit Blacky das Duo zum Pas de trois. Showtaugliche Zirkuslektionen trainieren sie mit Wolfgang Hellmayr – dabei ergibt sich der erste Auftritt. Und jede Menge Hunger nach mehr – mehr

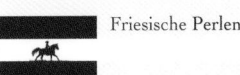
Publikum, mehr Auftritte und mehr Applaus. Für kurze Zeit stießen Martina und Gossip hinzu. Lang genug, um zu viert das Friesenshowteam „Moments in Black" zu gründen. Nach und nach ergaben sich immer mehr Kontakte zu weiteren Friesenbesitzern. Gabi, Gaby und Babsi infizierten sie mit dem Showreitvirus und schaffen es bis heute, Buchungen mit bis zu zehn Friesen anzunehmen. Die Mitglieder der Friesentruppe verstehen sich als reine Amateure, die von ihren Pferden keineswegs erwarten, perfekt zu funktionieren. Das Wichtigste für Mensch und Tier ist und bleibt der Spaß an der Sache. Dazu gehören unter anderem regelmäßige Besuche der herrlichen Barockgärten von Schloss Hof,

Messeauftritte und private Events. Unvergessen für alle Mitglieder der „Moments in Black": der 19. 10. 2003. An diesem Tag reitet die Truppe samt Gästen aus ganz Österreich mit einer Quadrille von 64 Friesen ganz offiziell direkt ins Guinness Buch der Rekorde. Eine Riesenaktion.

Wo auch immer sich die inzwischen rund 20 Stammmitglieder in wechselnder Besetzung je nach Buchung und Bedarf sehen lassen, ziehen sie die Blicke auf sich und ihre Pferde. Die Laiengruppe glänzt mit der bunten Vielfalt ihrer barock inspirierten Fantasiekostüme. Verbindendes Element sind eine individuell abgestimmte Choreografie und natürlich ihre wunderschönen, lackschwarzen Friesen.

Steirische Schmankerl

mit zwei PS

Das südoststeirische Apfelland. Nirgendwo sonst in Europa findet man derart viele malerische Burgen und prachtvolle Schlösser auf engstem Raum versammelt. Rudi Allmer nimmt seine Gäste mit auf eine Zeitreise.

Stilvoll kutschiert er sie im Herzen des oststeirischen Apfel- und Hügellandes wie „anno dazumal" von einem Schloss zum anderen. Sorgfältig wählt der Schlosskutscher seine Routen inmitten einer einmalig vielfältigen Kulturlandschaft: idyllische Wege durch blühende Obstplantagen, wogende Kornfelder und schattige Wälder, entlang murmelnder Bäche und duftender Blumenwiesen.

Sein Ziel: das hektische Leben der modernen Gesellschaft zu entschleunigen: „Ich bringe meine Fahrgäste mit Hilfe der Pferde zur Natur, schenke ihnen Ruhe und Entspannung." Der einzige offizielle Schlosskutscher Österreichs ist leidenschaftlich verbunden mit Landschaft und Geschichte seiner Heimat.

Ein charmanter, agiler Herr in Livree. Blume im Knopfloch, Schaftstiefel und Dreispitz sind selbstverständlich. Lebendes Accessoire auf dem Bock: Mischlingshündin Gibsy. Hier stimmt einfach alles!

Rudi Allmer geht seinem außergewöhnlichen Beruf mit Leib und Seele, also aus echter Berufung nach. Von der Wiege 1958 an, begleitet ihn die Liebe zu den Pferden. Nie wird er müde, dies zu betonen: „Wir hatten auf unserem Bauernhof in Stubenberg schon immer Pferde. Sie waren wie ein Heiligtum, galten als starke Tiere mit einmaligem Charakter. Ich wundere mich heute noch täglich über ihren erstaunlichen Willen, uns Menschen zu dienen und dafür einfach alles zu geben." Haflinger Leila war das erste Pferd, das Rudi als Postbeamter in Vorarlberg sein eigen nennt. Nach dem Tod des Vaters kehrt er zurück in die Waldmüller Landschaft und beginnt 1986 mit den ersten Kutschfahrten.

Nach und nach nimmt Rudis Leidenschaft für Pferde immer mehr Raum in seinem Leben ein. Er bildet sich unter

anderem beim österreichischen „Mr. Fahrsport" Albert Pointl fort und macht das Hobby schließlich zum Beruf. Authentizität ist für Rudi absolutes Muss: „Mir geht es nicht darum, Gäste irgendwie in einer Kutsche mitzunehmen. Ich biete ihnen ein stilvolles, elegantes Infotainment-Erlebnispaket." Mit unendlichem Idealismus und Liebe zum Detail verwirklicht er seine Ideen, entwickelt Konzepte und lässt Kutschen nach historischen Vorbildern bauen: „Ich habe eine stabile Wagonette, einen Break für die Landpartien, eine Halbchaise mit Lederverdeck für romantische Mondscheinfahrten, sowie eine große Gesellschaftskutsche mit Platz für zehn Personen." Die Qualität und Originalität seiner Arbeit spricht sich herum, der Bekanntheitsgrad wächst. 1998 ernennt ihn Graf Andreas Bardeau, Vorsitzender der „Schlösserstraße" ganz offiziell zum Schlosskutscher – dem einzigen wohlgemerkt.

Rudis Aktivitäten bleiben nicht lange unbemerkt. Er ist eine Attraktion in einer an Sehenswürdigkeiten nicht gerade armen Gegend. Privatstraßen und Zufahrtswege, für PKWs

gesperrt, werden für ihn geöffnet. Drei bis fünf Stunden fährt er mit dem Zwei- oder Vierspänner zur Schloss-, Wein-, Hochzeits- oder Picknicktour – kurzweilige, fundierte Informationen über Architektur, Land und Leute inklusive. Gleich vor seiner Haustüre liegt Schloss Schielleiten, weitere vier Prachtbauten im Umkreis von wenigen Kilometern. Kein Problem für die kraftvollen und repräsentativen Gelderländer, die Rudi am liebsten einspannt: „Das ist eine ganz besonders schöne Rasse, die man nicht an jeder Ecke sieht!" schwärmt er von seinen vierbeinigen Mitarbeitern.

„Diese großrahmigen Holländer haben eine grandiose Ausstrahlung und Leistungsbereitschaft. Ich liebe ihre akzentuierten und doch ausgreifenden Bewegungen. Sie sind aber auch hochsensibel und brauchen unbedingt eine feine, liebevolle Hand, sonst verdirbt man sie ganz schnell." Neben Norikern und einem Arabergespann hat der Schlosskutscher vier der noblen Warmblüter im Stall. Schimmel D´Artagnan ist sein ausgemachter Liebling, auf den er sich hundertprozentig verlassen kann – selbst wenn der Wallach eine kleine Macke hat: „Ich weiß nicht warum, aber jedes Mal, wenn ich in den schneeweißen Arkadenhof von Schloss Herberstein fahre, und nur da, hebt er den Schweif und hinterlässt einen Haufen Pferdeäpfel auf dem Split."

Die Fahrgäste warten natürlich regelmäßig gespannt darauf, ob sich D´Artagnan auch an die – in der Schoss-Einfahrt zum Besten gegebene – Erzählung seines Chefs an den Leinen hält. Der Schimmel hat sie noch nie enttäuscht. Neben königlichen Hoheiten, Botschaftern, Fernseh- und Theaterstars, dem ehemaligen russischen Außenminister oder dem deutschen Bundespräsidenten Roman Herzog kann absolut jeder Rudis Dienste in Anspruch nehmen und sie trotz ihrer Exklusivität auch problemlos bezahlen.

Unterwegs mit Rudi, Richtung Tier- und Naturpark Schloss Herberstein. Man merkt schnell, wie gut der Schlosskutscher sein Handwerk versteht. Auf den Millimeter genau manövriert er D´Artagnan und Lucky durch die Kaffeetische der sonst nur von Fußgängern benutzten Gironcoli Museumsterrasse. Im Rosen-Skulpturengarten traben die Gelderländer durch eine tunnelartige, dunkle Baumallee. Viel größer dürfte das Gespann dabei nicht sein. Auf einem besonders

schmalen Weg begegnet uns das Auto des Gärtners. Rudi weicht aus und wendet auf einer Briefmarke. Unten an der – leise vor sich hin plätschernden – Feistritz passieren wir exotische Bewohner des Tierparks. Schließlich erreichen wir die schattigen Wege der tiefen Schlucht. Kühn schwingt sich eine breite Holzbrücke über den Fluss. Wir verrenken uns den Hals, um das Schloss hoch über uns zu bestaunen. Auf einer saftigen Wiese pariert Rudi durch. Liebevoll drapiert er Picknickdecke und feinste Schmankerln aus der Region. Begeistert genießen wir unser reichliches, schmackhaftes Mahl inmitten einer grandiosen Kulisse. Eine Picknickfahrt mit dem Schlosskutscher ermöglicht bequeme Wissens- und Wanstauffüllung. Da hat man uns nicht zuviel versprochen!

Die Pferde warten derweilen versorgt im Schatten eines riesigen Ahorns. Rudis Pferdeliebe, Passion und Herzlichkeit wirken nie aufgesetzt sondern kommen wirklich von Herzen. Nach dem köstlichen Dessert atmet unser Gastgeber tief durch, blinzelt in die Sonne und lächelt vor sich hin: „Wenn das hier kein Grund ist, alle berufliche Sicherheit aufzugeben und Schlosskutscher zu werden, dann weiß ich auch nicht!" Ja, da ist was dran! Hat Rudi denn noch irgendeinen Traum? „Liebend gerne würde ich mal wie zu Kaisers Zeiten in aller Ruhe durch ganz Österreich fahren. Einfach eintauchen in das Land und seine Bewohner."

Dann geht es zurück nach Stubenberg. In engen Serpentinen windet sich die Straße am Rande der Schlucht nach oben. Jetzt müssen die Gelderländer richtig arbeiten. Rudi beunruhigt das nicht: „Alle meine Pferde sind topp konditioniert und das macht ihnen gar nichts aus!" Die Warmblüter bestätigen das. Mit gespitzten Ohren oben angekommen schnauben D´Artagnan und Lucky lebhaft ab und wollen sofort antraben. Die beiden sind immer voll dabei – genau wie der Schlosskutscher auch: „Diesen Job lebt man 24 Stunden am Tag. Nicht ständig mit den Händen, aber zumindest immer mit dem Kopf. Ich habe vier Gespanne und daneben jede Menge Organisations- und Papierkram zu erledigen, von neuen Ideen oder Projekten ganz zu schweigen. Aber ein chinesisches Sprichwort sagt: Wenn einem der Beruf Spaß macht, dann muss man den Rest des Lebens nicht mehr arbeiten. Ich denke, das trifft meine Situation ziemlich genau."

Zirkus, Stunts und spanische Pferde

Wenn eine Tochter aus recht gutem österreichischem Hause bekundet, dass sie ihr Leben entweder in einem Zirkus oder auf einem eigenen Bauernhof mit Pferden verbringen möchte, fällt den Eltern die Entscheidung relativ leicht, sie bei der Suche nach einem geeigneten Hof zu unterstützen. Heute sind die Akademiker wenigstens ein bisschen stolz auf ihre Tochter, die zwar immer noch kein Abitur hat, aber dafür Präsidentin wurde. Und zwar des Vereines der Freunde und Züchter des Pferdes Reiner Spanischer Rasse in Österreich. Zwei Kinderpferdefachbücher gehen auch noch auf ihr Konto und das ist doch schon mal was. Selbst wenn sie sich für den etwas konventionelleren Lebensweg entschied, so hat sich die lebhafte Österreicherin dafür jedoch keineswegs von ihrer Zirkusleidenschaft verabschiedet. Lisl Stabinger ist rundherum ein Unikat und wem ihr Name nichts sagt, sollte nicht behaupten, dass er sich in Graz und Umgebung auskennt. Diese Frau lebt und arbeitet nur für ihre Vierbeiner und das beschränkt sich beileibe nicht auf Pferde.

„Als ich meine landwirtschaftliche Anerkennung beantragt habe, habe ich dem Gutachter ganz stolz meinen uralten Traktor gezeigt und ihm versichert, dass ich wirklich viele Tiere hätte. Sogar Schweine!" Zum Beweis ruft sie nach Rudi und wie gewohnt kommt das ewig liebesbedürftige und hungrige Hängebauchschwein folgsam um die Ecke gewalzt: „Der Gutachter lächelte nur noch mitleidig." Dafür ist Lisl jetzt eine urkundlich beglaubigte Bäuerin.

Begrüßt wird man am Lindenhof von einem greisen Shettlandpony namens Poniponi, das diesen Namen trägt, damit Kleinkinder, die den ersten Kontakt zu Pferden haben, gleich lernen, was das für ein Tier ist und nicht alle Ponys Maxl nennen. Kein Mensch weiß, wie alt Poniponi ist (irgendwas um die 40).

Aber der Freigänger ist Gesellschafter für alle Hengste, läuft von Box zu Box, frisst mal hier, mal da und sorgt wahrscheinlich dafür, dass alle Pferde über das neueste Stallgeflüster informiert sind. Rund 15 davon leben auf

dem kleinen Hof bei Graz. Selbstgezogene, geschenkte und hinzugekaufte Spanier sowie eine Handvoll Einsteller „...damit auch genügend Leben am Hof ist", so Lisl. Dazu kommt eine Menagerie, genauso bunt und lebendig, wie ihre Besitzerin: Schaf Hubi, Ziege Mathilda, Esel Benjamin, Schwein Otto, Hase Fred, Minishettyhengst Felix sowie die zwei Shettystuten Puppi und Mercedes, die so frech sind, dass sie nicht frei laufen dürfen. Schließlich mischen die Hunde Elli, Lisa und Paula sowieso schon den ganzen Hof auf.

Lisl kümmert sich ganz alleine um alles, hat aber Unterstützung von Freunden und Bekannten, die ebenfalls aus einem speziellen Holz geschnitzt sind: „Der Freundeskreis, die Reiter am Hof und meine Tiere sind meine Familie. Das ist das, was ich gerne mag. Mein Haus ist immer offen. Jeder kann kommen und gehen wie er will. Egal ob Futtermittelvertreter, Baggerfahrer oder Großhändler. Bisher ist auch fast jeder in irgendeiner Form hier geblieben. Einer hat mal gesagt: Der Lindenhof ist so ein Loch, wer da reinfällt, kommt nie wieder raus!"

Bekannt wurde der Lindenhof überwiegend durch Showauftritte in ganz Österreich. Im Sattel der Hengste sitzen aber keine Profis, sondern eine Truppe „übriggebliebener Reitschülerinnen" aus Lisls ehemaliger Kinderreitschule, mit der sie ihren Lindenhof einst eröffnet hat.

Mit von der Partie: echte vierbeinige Stars, wie der dunkelbraune Despierto VI. Ein phänomenales Showpferd, ausgebildet von der Weltzirkusgröße Yasmine Smart, die seit fast 50 Jahren mit Pferden im Zirkus arbeitet und in Fachkreisen in einem Atemzug mit Knie, Gruess und Krone genannt wird. Selbst diese Vollblut-Zirkusfrau bezeichnet den Schwarzbraunen als absolutes Ausnahmepferd. Despierto hat während eines längeren Praktikums beim Zirkus Lisls Leidenschaft für Spanische Pferde entfacht: „Es ist für mich eine Riesenehre, dass mir Yasmine dieses einmalige Pferd anvertraut hat, damit er hier seinen Alterswohnsitz hat. Wir arbeiten ihn regelmäßig, damit er mit seinen 29 Jahren nicht einrostet, denn selbst wenn er im Exterieur etwas nachgelassen hat, so ist er doch im Kopf noch fit wie ein Turnschuh und arbeitet perfekt wie eh und je." Der Dunkelbraune ist Showman durch und durch und fühlt sich am wohlsten in einer mobilen Zeltbox mit jeder Menge Trubel um ihn herum. Applaus liebt er über alles. Mit 24 hat er zum ersten Mal gedeckt und ist nach anfänglichen Problemen inzwischen gewaltig auf den Geschmack gekommen." Als Ausbilderin für Showpferde ist Lisl mittlerweile über die

Grenzen Österreichs bekannt, vor allem wenn es um Zirkuslektionen und Arbeit an der Hand geht. Obwohl mancher
ihre Kompetenz nicht sofort erkennt, wissen ihre namhaften
Freunde sehr wohl, mit wem sie es zu tun haben. Yasmine
Smart, Stuntreiter aus dem Team von Mario Luraschi und
bekannte Showreiter wie etwa Bellinda Weymanns aus
Deutschland kommen immer wieder gerne auf den Lindenhof, um Lisl zu unterstützen und mit ihr und ihren Reitern
zu arbeiten. Zum einen freut sich die Chefin über Besuch,
zum anderen lernt sie gerne dazu „Ich bin nun zwar schon
über 30 Jahre mit Pferden vertraut, doch man kann nie alles
wissen!"

Ihr Pferdebestand ist angesichts seiner Geschichte und
Qualität beachtlich: Schimmel Sogdiano (19) beherrscht das
gesamte Repertoire eines versierten Showpferdes: „Er trat
im Zirkus Roncalli auf, hat sich in der Manege aber nicht
ganz so wohl gefühlt, wie sein älterer Stallkollege Despierto",
erklärt Lisl.

Der Hengst genießt jetzt auf dem Lindenhof jede Menge
Ruhe und Freiheit in einer Paddockbox und hat sich bestens
eingelebt. Nachdem er zu Hause auf dem Platz alle Dressur-
und Showlektionen einschließlich sein spektakuläres Steigen – frei, unterm Sattel und am langen Zügel – beherrscht,

soll er mit auf eine Show gehen. Allerdings zeigt Sogdiano dort allen eine lange Nase und macht schlichtweg was er will. Lisls beste Reiterinnen versuchen sich an ihm – vergeblich. Arbeiten will er nur für Sabrina. Ohne besonders qualifiziert zu sein, erobert das Mädchen unwissentlich das Herz des Hengstes. Lisl vertraut ihr den Schimmel an. Sabrina trainiert fleißig und schafft es sogar, Sogdiano auf großen Veranstaltungen zu präsentieren. Weil sie sich das wertvolle Pferd nie leisten könnte, überlässt ihr Lisl den Hengst für einen günstigen Miet-Kaufvertrag: „Das hat er selber so entschieden, da habe ich gar nichts mitzureden gehabt!"

Vinatero (14) war mit drei Kolikoperationen, Kehlkopfpfeifen und anderen Wehwehchen schon immer ein Sorgenkind, aber gerade deshalb avancierte er zu Lisls persönlichem Liebling. Geritten wird er von Chrissi, die sich die Gunst dieses hochsensiblen Pferdes sehr hart erarbeiten musste. Der silbergraue Lerno (7) wäre als gekörter, reiner Cartujano fast unbezahlbar gewesen. Eine Knochenwucherung lässt ihn jedoch durch jede Ankaufsuntersuchung fallen und er steht günstig zum Verkauf: „Ich suchte damals billige Pferde für eine rumänische Filmproduktion. Als ich aber das Video sah, wusste ich, dass ich ihn selber behalten wollte." Lisl hat gepokert und gewonnen. Nach einer schonenden Grundausbildung geht der schicke Hengst noch immer völlig lahmfrei und beherrscht nicht nur Dressurlektionen der Klasse L/M sondern auch einige Zirkuslektionen. Reiterin Verena ist überglücklich mit dem Pferd, das ursprünglich keiner haben wollte.

Diamant im Stall ist aber der bronzebraune, siebenjährige Cariño. Der selbstgezogene Hengst ist nicht nur bildhübsch, sondern ein außergewöhnliches Talent in Sachen Bewegung und Rittigkeit. Dies gilt erstaunlicherweise nicht nur für die Dressur, sondern auch fürs Springen. Tatsächlich überwindet der siebenjährige gekörte Spanier einen A-Parcours genauso mühelos und in perfekter Manier wie so mancher Holsteiner. Sogar spanische Gäste zücken begeistert ihre Kameras, wenn sie ihn in Aktion sehen. Zur Zeit wird er weiter ausgebildet. „Cariño und Lerno sind meine Zukunftspferde, die ich aber erst dann präsentiere, wenn sie wirklich alles können! Dann werden den Leuten die Augen rausfallen", hofft Lisl.

Auch wenn sie mit ihrer offenen Art und dem höchst unkomplizierten Umgang mit Tier und Mensch nicht ganz unumstritten ist, so kommt man doch nicht um die Tatsache herum, dass Lisls Lindenhof einer der größten, wenn nicht der größte Andalusierstall der Alpenrepublik ist. Die kleine österreichische Ibererszene wächst nur sehr langsam und das wird wohl auch noch eine Weile so bleiben, da ist sich Lisl sicher: „In Österreich glaubt man tatsächlich, dass es schwarze Andalusier mit Grand Prix Ausbildung für 3.000 Euro zu kaufen gibt und die allermeisten Leute sind auch nicht bereit mehr Geld dafür ausgeben."

Für echte Fans bietet der Lindenhof allerdings etwas ganz Besonderes: „Ich habe supertolle Pferde, habe aber nicht die Möglichkeit alle regelmäßig zu arbeiten. Deshalb gebe ich showambitionierten Reitern die Möglichkeit, zu einer Reitbeteiligung auf meinen P.R.E.s (Pura Raza Española= Reine Spanische Rasse). Ich glaube das ist einmalig und unser Showteam ist offen für jeden Zuwachs. Ich erwarte nur ein bisschen Engagement, Interesse und Sattelfestigkeit. Alles andere bringen wir den Leuten schon bei!" Wir hatten schon erwähnt, dass Lisl ein Unikum ist, oder?

Des
Stanglwirt's
Traum

Stanglwirt Balthasar Hauser ist ein geselliger Typ. Und er liebt Pferde. Vor allem seine Lipizzaner.

Nur so ist es zu erklären, dass der sympathische Seniorchef einer der bekanntesten Hotelanlagen Österreichs nach unserem Winter-Shooting statt der geplanten 30 Minuten einen ganzen gemütlichen Abend mit uns verbringt. Bestens gelaunt plaudert der sympathische Gastgeber über seine Kaiserschimmel. Der Mann hat ein Herz für Pferde und es sitzt offensichtlich genau am richtigen Fleck. Das bestätigen uns auch seine Mitarbeiter, die ganz selbstverständlich an unserem Gespräch teilnehmen: „Damit ich nichts Falsches erzähle", schmunzelt Hauser und nippt genüsslich an seinem Wein.

Der rüstige Hausherr kann auf eine beeindruckende Lebensleistung zurückblicken. Im geschmackvollen, typisch alpenländisch gestalteten Bio-Hotel ist so gut wie alles, sogar Aufzugsverkleidung und Telefone aus gesundheitsförderndem

Zirbelholz gefertigt. Hier drücken einander die VIPs die Klinken in die Hand. Unzählige Fotos zeigen Hauser mit Prominenten aus Sport, Kultur und Politik. Manchmal auch mit den Pferden. Die gehören zum Stanglwirt wie die Tiroler Jause. Schon in der Eingangshalle kann man die Vierbeiner durch eine riesige Glasfront direkt in der Reithalle beobachten.

Zehn Schulpferde verschiedener Ausbildungsstufen bis Dressur -Klasse M sowie fünf Ponys für Kinderreiten stehen nicht nur Hotelgästen, sondern jedermann zur Verfügung. Daneben gibt es noch sechs Lipizzaner Zuchtstuten und Nachwuchs aller Altersklassen.

Hugo Kraml kümmert sich seit Jahren erfolgreich um das Lipizzaner-Privatgestüt und den Reitbetrieb. Nicht selbstverständlich für Pferdeanlagen, die oft großer Personalfluktuation unterworfen sind. Alle weiteren Mitarbeiter, Lehrlinge oder Praktikanten müssen sich ebenfalls langfristig an den Betrieb binden. Die kontinuierliche Führung des Stalles bringt viele Vorteile für Mensch und Tier.

„Lipizzaner sind sehr sensibel und menschenbezogenen. Nicht gerade ideal für ein Schulpferd", räumt Hugo bedächtig ein „aber es hilft den Tieren enorm, dass sie ihre Bezugspersonen schon sehr lange kennen. Sie vertrauen uns und kommen deshalb gut mit ihren Aufgaben unter dem Sattel und vor der Kutsche zurecht."

51

Über Erfahrungen mit der Kundschaft lässt der Stallchef Kollegin Uli Parnasser berichten: „Darüber könnten wir ein Buch schreiben", gibt die Bereiterin zu „aber ich denke, mit solchen Problemen hat jeder Mietstall zu kämpfen. Achtzig Prozent unserer Reitschüler sind nun mal Anfänger. Viele glauben, Pferde seien Sportgeräte, die man nutzt und dann wieder abgibt. Die meisten haben keine Erfahrungen im Umgang mit den Tieren. Sie können weder putzen, führen oder satteln, wollen aber ins Gelände, weil sie früher irgendwo auf einem Pferd gesessen sind. Am besten gleich gemeinsam mit ihren fünfjährigen Kindern, die angeblich schon seit zwei Jahren reiten." Wie bringt man einem Promi bei, dass er auch gegen Geld nicht haben kann, was er will? Das Stallpersonal beherrscht das diplomatische Parkett. „Ein persönliches Gespräch ist dabei enorm wichtig", erläutern die erfahrenen Reitlehrer. „Wir müssen mit Einfühlungsvermögen und etwas Psychologie zwischen dem unwissenden Gast und unseren Pferden vermitteln. In der Regel schaffen wir es, die Kunden im Interesse ihrer eigenen Sicherheit zu überzeugen, erst einmal eine oder mehrere Longe- oder Hallenstunden zu nehmen."

Auch fortgeschrittenere Reiter überschätzen sich schon mal. Alltag für Hugo und sein Team: „Wenn man Abteilungsreiten auf Schulpferden kennt, findet man sich auf einem fein ausgebildeten, überwiegend auf Gewichtshilfen reagierenden Lipizzaner nicht sofort zurecht. Es ist unser Job, ein möglichst passendes Pferd-Reiter-Paar zusammenzustellen, damit beide Seiten glücklich miteinander werden." Ihren Job, den machen die gelernten Profis offensichtlich richtig gut. Und gefallen muss er ihnen wohl auch. Sonst wären sie nicht so lange in diesem Betrieb tätig: „Die Pferde hier sind so außergewöhnlich", versichert Uli mit strahlenden Augen „da macht die Arbeit viel Spaß. Außerdem sind wir ja über den Hotelbetrieb hinaus ein ganz normaler Reitverein mit 70 Mitgliedern bis nach Nürnberg, wir haben aber auch Mitglieder aus der Schweiz und Italien!" Hugo erklärt, wie das geht „Es gibt hier in der Region viele Ferienhäuser und die Gäste kommen halt alle paar Wochen vorbei und erhalten vergünstigten Unterricht. Wie jeder Verein haben wir einen Reiterstammtisch, Vereinsturnier, Faschingsreiten

und Dressurkurse." Die Auslastung des Stalles ist von den Jahreszeiten abhängig. Langweile kommt aber auch in der Nebensaison nicht auf: „Wir nutzen die ruhigere Zeit, um unsere Schulpferde Korrektur zu reiten oder weiter auszubilden", bestätigt der Stallchef „und die Kutsch- oder Schlittenfahrten werden rund ums Jahr häufig gebucht."

Das Stammhaus des Stanglwirts verdankt seine Existenz der Lage an der Bundesstraße 1, der ehemals kürzesten Verbindung zwischen Wien und Paris, und einer Quelle aus dem Kaisergebirge. Selbst im härtesten Winter friert der „Kreuzbrunn" nicht zu und dient zuverlässig als Pferdetränke. Seit über 400 Jahren hat der Gasthof dort die Konzession und sorgt fürs leibliche Wohl von Kutscher und Pferd Vor rund 280 Jahren kam ein Hotel dazu. 1719 ist das verbriefte Gründungsjahr des Stanglwirtes, der seitdem immer den Pferden verbunden ist.

„Soweit ich weiß, war das Haus seit seiner Gründung nur 20 Jahre ohne Pferde" erinnert sich Balthasar Hauser. „Ich bin mit ihnen aufgewachsen und habe nur die schönsten Erinnerungen an sie. Meine ganze wunderbare Kindheit auf dem Land hing irgendwie mit Pferden zusammen. 1955-1975 drehte sich hier jedoch alles nur noch um den Aufbau des Tourismus und des Hotels. In dieser Zeit stand der Stall leer." Das gefiel Hauser gar nicht. Trotz des Erfolges, den er mit seinem Betrieb hatte, fehlte ihm damals doch etwas ganz Spezielles: „Je mehr Gäste kamen, je größer das Hotel wurde, desto mehr sehnte sich mein Innerstes zurück nach den Erlebnissen meiner Kindheit und damit auch zurück zu den Pferden."

All dies wollte er wiederbeleben. Er plante einen Erlebnis-Kinderbauernhof und errichtete einen neuen Pferdestall. „Zuerst hatten wir Warmblüter, aber irgendwie passten die einfach nicht zu uns. Alles hier ist weiß! Tennis und Golf als weiße Sportarten, der weiße Schnee auf dem Wilden Kaiser – da lag es doch mehr als nahe, sich weiße Kaiserpferde anzuschaffen, oder sie gar zu züchten!" Aber so einfach war das in Österreich zu dieser Zeit nicht. Lipizzaner gab es ausschließlich im Bundesgestüt Piber. Vier Stuten konnte der Stanglwirt erwerben. Keinen Hengst, denn „es war Privatleuten schlicht und einfach verboten, diese

Möglichkeiten, wirklich ausschließlich reines Piberblut zu verwenden. Das machte den Stanglwirt zum ersten privaten, rein österreichisch bestückten Lipizzanergestüt", betont Hauser stolz. Gehört zu einem kompletten Gestüt nicht auch ein eigener Deckhengst? „Natürlich", seufzt er bedauernd „aus Piber war jedoch absolut nichts zu bekommen und ich wollte doch den rein österreichischen Linien treu bleiben!" Der Zufall sorgte schließlich dafür, dass ihm die Lösung dieses delikaten Problems regelrecht in den Schoß fiel. Ein spitzbübisches Lächeln erscheint auf Hausers Gesicht. Sichtlich angetan von der bloßen Erinnerung, schildert er die Ereignisse, die ihn über die Landesgrenzen hinaus bekannt machten.

„Lipizzaner Pluto Verona war ein talentierter, aber ziemlich dickköpfiger Hengst der Wiener Hofreitschule. Selbst nach acht Jahren Ausbildung konnte man ihn nicht zuverlässig davon überzeugen, sich in die Schulquadrille der Spanischen einzugliedern. Hinter anderen herzulaufen war halt einfach nicht sein Ding. Er ging lieber seinen eigenen Weg." Hören wir da Gemeinsamkeiten zwischen dem Erzähler und einem Pferd? Belustigt stimmt Hauser zu. „Pluto war wirklich eine ganz besondere Persönlichkeit. Total brav, aber doch irgendwie anders. Am Ende hat er jedem eine lange Nase gedreht und viel mehr erreicht, als man jemals vermutet hätte." 1986 beschloss man in Wien, den scheinbar unheilbar renitenten Vierbeiner auf möglichst elegante Weise loszuwerden und schenkte ihn dem Österreichischen Rundfunk. Der sollte den Schulhengst inklusive offizieller Decklizenz zugunsten eines guten Zweckes im ORF-Fernsehen versteigern. Das noch nie da gewesene Ereignis übertraf die kühnsten Erwartungen. Sämtliche Medien schwärmten schon im Vorfeld von dem herrlichen, silberweißen Pferd mit den großen, dunklen Augen. Die ganze Nation fieberte mit, trieb die Einschaltquoten in schwindelerregende Höhen und der Stanglwirt witterte seine einmalige Chance: „Mein Limit lag bei einer Million Schilling."

Dann aber lief die gut gemeinte Aktion für „Licht ins Dunkel" ganz unerwartet aus dem Ruder: Ein arbeits- und mittelloser Spaßvogel bot eine Fantasiesumme, bekam den Zuschlag und Österreich hatte seinen Skandal. Der ORF bat

Rasse zu züchten", poltert Hauser heute noch. Am Ende setzte er seinen Kopf durch.

Über einen Umweg beschaffte ihm der Tiroler Warmblutverband zwei Junghengste. Hauser begann, mit ihnen seine Stuten zu decken. Er erhielt für die Lipizzaner-Fohlen gültige Warmblutpapiere und schaffte es auf diese Weise doch noch, seine Idee zu verwirklichen.

Erst eine Seuche zwang die Spanische Hofreitschule samt Bundesgestüt umzudenken. Die Wiener Stallungen waren gesperrt, in Piber starben die Stuten in Massen. Jede Lipizzaner-Genreserve war auf einmal unentbehrlich, jede private Initiative willkommen. Die Vorschriften wurden gelockert: „Natürlich gab es auch noch einige andere private Züchter, aber keiner war so patriotisch wie ich oder hatte meine

den Stanglwirt um Hilfe. Nie wird Balthasar Hauser diesen Abend vergessen: „Ich dachte zwei Minuten nach, dann war Pluto mein." Noch heute amüsiert er sich über die entsprechende Berichterstattung in allen Nachrichtensendungen. „Die Auswirkungen waren unvorstellbar. Jede Menge Leute kamen in Scharen nach Going, nur um den Lipizzaner zu sehen. Sogar der südafrikanische Herzchirurg Christiaan Barnard! Wir mussten die Stallungen sperren, um unsere Pferde vor diesem Ansturm zu schützen."

All das nahm der Stanglwirt nur zu gerne in Kauf. Hatte er doch nun endlich den lang ersehnten, offiziell anerkannten, vierbeinigen Pascha im Haus und jede Menge Publicity für das erste private österreichische Lipizzanergestüt dazu! Pluto Verona wird berühmter als die in Wien verbliebenen Kollegen. Neben seinem Spitznamen „der Millionenhengst" feiert der Pferdestar im Stall 2004 noch einen weiteren Triumph: Mit 30 Jahren, vergleichsweise rund 90 Menschenjahren, kürt man ihn zum ältesten Lipizzanerhengst der

Welt. Ein eigenes Brandzeichen ziert die zahlreichen Kinder und Enkel des vierbeinigen Grandseigneurs: Das „S" mit der Kaiserkrone.

Die Lipizzaner sind vom Stanglwirt nicht mehr wegzudenken. Als lebende Bestandteile des Ensembles sind sie mehr als bloßer Ausdruck von Schönheit und Ästhetik, und der erfolgreiche Hotelier weiß genau, was er an ihnen hat: „Weiße Pferde begeistern vorbeifahrende und bei uns wohnende Gäste gleichermaßen. Tennis und Golf schaffen das nicht. Aber die Lipizzaner gefallen einfach jedem. Sie sind eine Augenweide, besonders im Schnee." Da muss man dem Hausherren Recht geben. Rund um das beeindruckende Haus herrscht majestätische Harmonie, wohin man nur schaut. Das weite Tal, der Wilde Kaiser mit seinen weißen Kalkfelsen und die kaiserlichen Schimmel ergeben ein stimmiges Gesamtbild.

Hoffentlich grasen die weißen Pferde noch lange in Going. Egal ob als wertvoller Zuchtbestand oder Touristenattraktion. Für Balthasar Hauser sind sie eine Brücke zurück in seine Kindheit. Diese Aufgabe erfüllen sie nur für ihn allein und solange es nach ihm geht, werden die Ställe deshalb nicht mehr leer stehen.

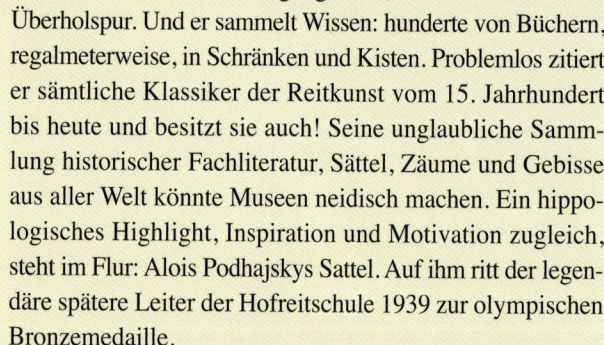

Der Doktor
und die
Leichtigkeit

Dr. Robert Stodulka, Jahrgang 1973, ist ein Mann auf der Überholspur. Und er sammelt Wissen: hunderte von Büchern, regalmeterweise, in Schränken und Kisten. Problemlos zitiert er sämtliche Klassiker der Reitkunst vom 15. Jahrhundert bis heute und besitzt sie auch! Seine unglaubliche Sammlung historischer Fachliteratur, Sättel, Zäume und Gebisse aus aller Welt könnte Museen neidisch machen. Ein hippologisches Highlight, Inspiration und Motivation zugleich, steht im Flur: Alois Podhajskys Sattel. Auf ihm ritt der legendäre spätere Leiter der Hofreitschule 1939 zur olympischen Bronzemedaille.

Jung, ehrgeizig und erfolgreich doziert und praktiziert der Tierarzt im Stall nebenan ebenso wie an der Universität oder bei den Spanischen Reitschulen in Wien und Jerez.

Neugierig sucht der Autor mehrerer Fachbücher seit Jahren nach der reiterlichen Wahrheit. Wie können Pferde trotz des Reitens gesund bleiben? Dabei hilft Stodulka sein veterinärmedizinisches Wissen, Verständnis für die Biomechanik des Pferdes und ein unstillbares Verlangen nach Leichtigkeit im Sattel: „Täglich sehe ich bei meiner Arbeit die katastrophalen Auswirkungen schlechten und falschen Reitens," erläutert der Fachmann kopfschüttelnd. „Rückenprobleme, Anlehnungsschwierigkeiten, Taktstörungen bis hin zur Lahmheit. Am Ende steht ein scheinbar unbrauchbares, in Wirklichkeit aber nur unverstandenes Pferd." Die Ursache liegt für den Vieh-Doktor auf der Hand: „Die meisten Leute haben keine theoretische Ahnung, kein Konzept und viel zu wenige Fachkenntnisse, um ihre hausgemachten Schwierigkeiten zu vermeiden, oder gar zu lösen! Zu 99 Prozent sitzt das Problem im Sattel." Und dann sprudelt es nur so aus ihm heraus: „Hinzu gesellt sich die vertrackte Idee: Reiten muss Arbeit sein."

Auch darüber kann sich der Tierarzt aufregen: „Überall das Gleiche: Schwitzende Reiter arbeiten den Körper ihres Pferdes und nicht seinen Geist. Exakte, fehlerfreie Ausführung von Lektionen, die Nutzbarkeit eines Pferdes: Darum geht es heutzutage in der Reiterei. Noch nicht mal bei den hochoffiziellen Stellen, wie der FN kann man irgendwo lesen, dass das Pferd gesund und fröhlich sein soll, der 'Happy Athlet' alleine reicht da nicht. Das ist doch nur eine leere Phrase!"

Mit solchen Thesen macht man sich nicht gerade beliebt, aber über mangelnde Nachfrage in Punkto Unterricht und Vorträge kann sich Robert Stodulka wirklich nicht beschweren: „Feineres Reiten und mehr Sachverstand erreiche ich durch die Kombination modernster Kenntnisse aus Anatomie und Trainingsphysiologie mit dem Wissen alter Meister", sagt er und streicht sich das Haar zurück. Für den Österreicher wären die meisten Fehler vermeidbar, weil bereits Unmengen reiterlicher Irrwege beschritten wurden. Dabei seien seiner Meinung nach genügend Erfahrungen gesammelt worden, es besser zu machen und genau aus diesem Grund ist er eingefleischter Fan von Francois Baucher (1796-1873): „Besser geht's nicht. Sein revolutionäres Ausbildungssystem hat in den USA und Russland gravierende Spuren hinterlassen. Nur im deutschsprachigen Raum behandelt man ihn leider immer noch recht stiefmütterlich."

Für Stodulka ist das französische „Reiten in Leichtigkeit" das Höchste, wenn es darum geht, Pferde auszubilden: „Es schlägt sogar Guernière um Längen. Der war natürlich für seine Zeit relativ modern und Pferde schonend, aber aus heutiger Sicht trotz aller Lobreden auch nicht gerade zimperlich", sagt er und kramt ein Originalgebiss heraus. „Es ist

zwar in der Mitte gebrochen, aber Anzüge und Oberbäume stehen in einem solch furchterregenden Verhältnis, dass jedes Pferdemaul malträtiert wird", doziert Stodulka.

Eigenen Angaben nach, war der umtriebige Tierarzt ein faules Kind. Erst die Pferde kurbeln Klein-Roberts Bewegungsdrang an: „Seit ich sechs bin, saß ich wirklich regel-

mäßig im Sattel." Seitdem sammelt er diverse Reit- und natürlich auch Verletzungserfahrungen in Jagdställen von England bis Ungarn. Eine Karriere im Springsattel scheitert ironischerweise am schlechten Gedächtnis für den Parcours. Das Dressurreiten beeindruckt ihn hingegen durch das ästhetische Gesamtbild. Schließlich organisiert die spanische Mutter ihrem 13-jährigen Sohn einen perfekt ausgebildeten, ausgedienten Schulhengst von Alvaro Domecq, dem Begründer der Hofreitschule in Jerez. Ignorante Dressurrichter deklarieren den geliebten Ingenioso abfällig als „Ente". Teenager Robert war tödlich beleidigt, Turniersport ab sofort für ihn tabu.

Nach dem Tod des uralten P.R.E. verhindert die Pferdepest den Import eines Nachfolgers. Ein Vollblut soll her, aber die österreichischen Blüter sind entschieden zu klein. In den 80er Jahren entdeckt Familie Stodulka den irischen Vollbluthengst Nerine in einer tschechischen Deckstation: „Der Kastanienbraune war nicht zu verkaufen und gehörte noch nicht einmal dem Depot, was wir aber nicht wussten. Trotzdem „starb" er gegen einen kleinen Unkostenbeitrag und konnte nach Österreich kommen." Natürlich will der Wiener aus ihm einen neuen Spanier machen: „Wir konnten beide nichts. Trotzdem haben wir es irgendwie geschafft. Sogar die Garrocha-Arbeit. Nerine war ganz inkognito die Grundlage der ersten iberischen Reitshows in Österreich. Sogar Spanier wollten ihn kaufen."

Um ernsthaft Dressurreiten zu lernen, hilft Robert im Stall von Arthur Kottas aus. Mit 21 Jahren beendet er sein Studium der Veterinärwissenschaften unter der Mindeststudienzeit. Nach einem Aufenthalt in Jerez verbringt er 1996 ein Jahr im Kentucky Horse Park. Dort lernt er viel über Akupunktur und Chiropraktik. Auch im Sattel spürt er die Auswirkungen einer professionellen, medizinischen Korrektur des Bewegungsflusses: „Vorher konnte ich als Reiter spüren, dass etwas nicht stimmt, aber als Tierarzt nichts finden oder behandeln. Erst in den USA fand ich meinen 'missing link', fokussierte meine Aus- und Weiterbildung komplett auf diesen Bereich und begann, auch mein gesamtes reiterliches Umfeld zu ändern."

Dabei stößt er auf die französische Reitkunst mit ihrer Forderung nach „Légèreté", dem „Reiten in Leichtheit" durch

Lösung von Blockaden und Vermeidung von Widerständen. „Absolut logisch und nachvollziehbar! Osteopathie und Akupunktur vertreten ja auch die Meinung, dass Blockaden Bewegungsabläufe negativ beeinflussen", strahlt Stodulka. „Die Franzosen zäumten die gesamte Reitausbildung von hinten auf. Balance stand vor der Bewegung. Anstelle das Pferd im Trab und Galopp zu arbeiten, lockerten sie es bereits vom Boden aus."

Bauchers grundlegende Ideen vom festen Unterkiefer, der den ganzen Pferdekörper fest machen soll, sind heute auch wissenschaftlich belegt. Alle Verspannungen manifestieren sich für den Franzosen im Maul. Löst man sie durch bestimmte Übungen und Flexionen (Dehnungen) im Stand oder Schritt an Unterkiefer, Genick und Hals bis hin zu Rücken und Kruppe, sei das Ergebnis ein entspanntes, geschmeidiges und ausbalanciertes Pferd, das in vollkommener Selbsthaltung mit durchhängendem Zügel leicht an den Hilfen stehe. Dabei dürfe man das Pferd niemals mit dem Schenkel gegen eine verhaltende Hand treiben. Kraftanwendung beim Einsatz der Hilfen lehnt Baucher ab. Damit förderte der Franzose schwierigste Pferde aller Rassen binnen weniger Wochen bis zur Hohen Schule.

Nach seiner offiziellen Reitlehrerausbildung in Jerez hat Dr. Robert Stodulka inzwischen neun eigene Pferde gekauft und ausgebildet. Zurzeit beschäftigt ihn der bildschöne, aber charakterlich komplizierte, achtjährige P.R.E. Zeta, der – so sein Reiter – mit Bauchers Methoden schon deutlich einfacher geworden sei.

Stallkollege Camborio ist deutlich kooperativer und macht dem Doktor, der mit der französischen Reitkunst „seinen" Weg gefunden hat, jede Menge Freude.

Erfunden hat Baucher sein System übrigens nach einem Beckenbruch, der ihm jede Krafteinwirkung im Sattel unmöglich machte. Stodulka geht's nach einem bösen Ausrutscher auf Eis ebenso. Natürlich würde er liebend gerne auf diese unangenehme Gemeinsamkeit mit seinem Vorbild verzichten, aber einen Ausbildungsweg, der darauf ausgerichtet ist, Mensch und Tier das Leben so einfach wie möglich zu machen, weiß wohl jeder ernsthafte Reiter zu schätzen.

Schwarz-weiße G'schichten aus dem Wienerwald

Als ich Max Dobretsberger zum ersten Mal treffe, ist er wirklich zu beneiden. Damals hat der ehemalige Leiter des 270 Hektar großen Lehr- und Forschungsgutes Kremesberg von der Veterinärmedizinischen Universität Wien einen Traumjob, der ihn zum Herren über 60 Pferde machte – von den vielen Rindern, Schweinen, Schafen und Ziegen ganz zu schweigen. Außerdem fährt der Tierarzt mit Norikern in Österreich von einem Erfolg zum nächsten. Unzählige Titel bis hin zum Bundesmeister reihen sich aneinander wie Perlen auf der Schnur. Seine Frau und Kollegin Andrea steht ihm dabei in keinster Weise nach. Die gefährlichste Konkurrentin sitzt auf der Fahrt zum Turnier stets neben ihm und hat ihre Pferde genauso erfolgreich und ehrgeizig im Griff, wie die gesamte muntere Familie inklusive dreier pferdebegeisterter Kinder, Bullyhündin Fourty und Dalmatinerin Ida. Seitdem sind einige Jahre vergangen. Die Familie Dobretsberger hat sich inzwischen völlig neuen Aufgaben zugewendet, aber

ihre Liebe zu den Norikern hat tiefe Spuren hinterlassen. Wegen Max Dobretsberger gibt es heute nicht nur einfarbige und getupfte, sondern auch wieder gescheckte Noriker, und das, obwohl ihn Pferde lange Zeit nicht besonders interessieren.

„An der ganzen Pferdegeschichte ist – wie an allem – nur meine Frau schuld!" gesteht Max „Ich komme zwar vom Bauernhof und wir hatten mal einen Haflinger im Stall, aber damit wurde eben nur geackert und sonst nichts." Andrea Dobretsberger trägt den Pferdevirus jedoch schon lange in sich. Sie ist gebürtige Wienerin, wächst jedoch in der Pferdezuchthochburg Hamm/Westfalen auf. Als typischer Nummerus-Klausus Flüchtling führt sie das Tiermedizinstudium zurück in die alte Heimat und dort lernt sie Max an der Uni kennen. In den Semesterferien schleppt sie ihn nach Deutschland aufs Pferd und verpasst ihm auf ihrer Trakehnerstute Indira eine zünftige Grundausbildung im Sattel. „Das erste Lächeln entlockte ich ihm, als er zum ersten Mal galoppieren durfte", schmunzelt die resolute Andrea. So ganz nach ihren Vorstellungen schaffte sie es jedoch nicht, ihren Max zum perfekten Reitersmann umzuziehen: „Die ganze deutsche Disziplin ist recht schadlos an ihm vorüber gezogen und seine österreichische Schlampigkeit hat deutlich gesiegt. Noch heute lässt er Pferde beim Reiten und Fahren in den Pausen unterwegs fressen – schrecklich!" Max protestiert energisch: „Das mit den Pferden sehe ich als Freizeit an und man will ja gemeinsam seinen Spaß haben. Dann sollen die Vierbeiner auch etwas davon haben. Noriker sind vor allem Pferde fürs Gemütliche und nicht für die strenge Schule. Deshalb passen wir ja auch so gut zusammen!"

Den ersten Noriker reiten sie in den Semesterferien. Ein befreundeter Bauer stellt den beiden das Pferd zur Verfügung. Zur Hochzeit wünscht sich Andrea natürlich ein Pferd und bekommt die elegante Hannoveranerstute Grille geschenkt. Eingestellt in einem konventionellen Dressurstall, verleidet die rüde Art des Unterrichts selbst der abgehärteten Andrea das Reiten so sehr, dass das Ehepaar die Reitstiefel fast an den Nagel hängt. Nur der Umzug nach Pottenstein bewahrt sie vor der endgültigen Aufgabe ihres Hobbys. Beide entdecken eine neue Sparte des Pferdesportes: „Wir machten einen Fahrkurs im Tierpark Schönbrunn.

Das war eine völlig neue Erfahrung! Auf der Kutsche ist es so herrlich kommunikativ und man kann die ganze Familie mitnehmen", strahlt Max. Außerdem bekommt er endlich seinen ersten eigenen Noriker, die Stute Jenny.

Als Leiter der Außenstelle der Veterinärmedizinischen Universität Wien sorgt Max für die praktische Ausbildung angehender Tierärzte an landwirtschaftlichen Nutztieren. Dafür müssen für die Studenten nicht nur Rinder, Schweine, Schafe, Ziegen und Federvieh, sondern auch Pferde gezüchtet werden. Welche war eigentlich egal. Ideal für den Norikerfan! Mit dieser Rasse schlägt er außerdem gleich mehrere Fliegen mit einer Klappe: Die Tiere sind extrem ausgeglichen und ertragen geduldig selbst „Pferde unerfahrene" Studenten, die schon mal zwanzig Minuten zum Halfteranlegen brauchen. Außerdem wird damit eine österreichische Rasse erhalten und gefördert. Immerhin läuft die Zucht dieser Tiere seit über 3.000 Jahren in geordneten Bahnen.

Noriker haben alle möglichen Einkreuzungen überstanden und sich veränderten Verhältnissen angepasst.

Heute betreut der Verband das größte geschlossene Zuchtgebiet aller europäischen Kaltblutrassen. Schon die Römer schätzten in ihrer unwegsamen, im heutigen Österreich liegenden Provinz Noricum die dort beheimateten Zug- und

nen. Besitzen durften Bauern damals so ein buntes Pferd aber nicht. Das blieb alleine den hohen geistlichen Herrschaften vorbehalten. Noch 1760 wurde der Noriker in Salzburg in acht Farben gezüchtet: Schimmel, Braune, Füchse, Rappen, Tiger, Schecken, Falben und Capo Moro, die so genannten Mohrenköpfe.

Weil sie weniger pflegeaufwändig waren, bevorzugten die Bauern für die tägliche Arbeit die dunkleren Fellfarben. Heute gibt es keine Schimmel und Falben mehr und die Plattschecken konnte man – vor der „Dobretsberger-Initiative" – an ein paar Fingern abzählen. Das wollte Max unbedingt ändern, denn das Universitätsgut ist ein idealer Ort, um den seltenen Farbschlag wiederzubeleben.

Als man 1994 ernsthaft mit dem Projekt beginnt, gibt es von den Schecken österreichweit nur noch zwei gekörte Hengste und ungefähr zwölf eingetragene Stuten. Max, die Universität und der Wiener Tiergarten Schönbrunn mit seinem Direktor Helmut Pechlaner gründeten ein kompliziert organisiertes, gemeinsames Norikerfarbzuchtprogramm, bei dem die Pferde einem neu gegründeten Verein gehören, aber der Uni gegen Kost, Unterkunft und Pflege für die Ausbildung zur Verfügung stehen. Beide Hengste werden gekauft, fünf Stuten mit dazu. Damit ist die Kernherde komplett. Erklärtes Ziel ist die Zucht von körfähigen, gescheckten Hengsten zur Erhaltung des Farbschlages. Dann wird die Geschichte emotional, wie Andrea zu berichten weiß, denn einer der Stammhengste, Lotto-Vulkan, genannt Lottili, wurde Max große Liebe: „Wahrscheinlich ist er ihm wichtiger als ich, aber damit kann ich gut leben. Schließlich ist er ein wirklich süßes Pferd - wenn er nicht gerade jemanden niederrennt, der alte Berserker. Ist halt ein Noriker."

Für die warmblutgewohnte Andrea ist der tägliche Umgang mit den schweren Pferden zunächst Neuland: „Mein erster – zugegebenermaßen – etwas abfälliger Gedanke war: Was sind das für dicke Würstel? Als ich aber angefangen habe, mit ihnen zu arbeiten, war ich restlos begeistert. Sie sind so umgänglich, so einfach zu handhaben!" Natürlich kann man diesen Pferden keinen S-Parcours zumuten, aber ansonsten so gut wie alles. Und sie funktionieren auch als Medizin, zumindest für Andrea Dobretsberger: „Ich habe in

Saumpferde. Im 17. und 18. Jahrhundert benötigten die Salzburger Bischöfe extravagante Pferde für ihre Gala-Kutschen. Dafür kreuzten sie möglichst bunte iberische und neapolitanische Hengste mit einheimischen Stuten. Am beliebtesten waren die „Tigerschecken", die aber trotz des irreführenden Namens keine Streifen, sondern Tupfen haben.

Im bayerischen Volksmund nennt man diese Pferde sehr treffend „Talerschimmel". Vielleicht hat es etwas damit zu tun, dass es schon immer etwas teurer war, einen besonderen Geschmack zu haben. Beim Kauf eines „Tigers" muss man jedenfalls heute noch mit einem „Farbzuschlag" rech-

meiner Tierarztpraxis, mit den Kindern und unseren eigenen Pferden jede Menge um die Ohren und laufe täglich auf 150 Prozent. Wenn ich zu gestresst bin, heißt es: 'sei doch so gut und fahr mal wieder die Noriker'. Danach bin ich immer total entspannt."

Zwei wertvolle junge Nachwuchsbeschäler sind in dieser Zeit herangewachsen. Luigi-Vulkan ist nicht nur ein prachtvoller Hengst, sondern nach genetischem Test noch dazu der erste reinerbige Norikerschecke, der überhaupt bekannt ist. Das heißt, er liefert auch mit einfarbigen Stuten ausschließlich Scheckfohlen. Rigo-Nero stammt aus einer Anpaarung von einem Österreichischen Bundeschampion, dem Rappen Reit-Nero mit einer Scheckstute. Damit kommt eine neue Hengstlinie in die Zucht und bringt die so dringend benötigte, erweiterte genetische Variabilität. Inzwischen beläuft sich die Norikerscheckenpopulation wieder auf einem Niveau, dass man davon sprechen kann, diese Farbe gerettet zu haben.

Dazu beigetragen hat nicht nur das Zuchtprogramm, sondern auch die Begeisterung der Dobretsbergers für den Fahr-sport. In den Fahrturnieren sieht das Ehepaar eine ideale Leistungsprüfung für die ihnen anvertrauten Noriker. Max schwärmt davon, wie gut sich die Kuhschecken auf den Turnieren einer breiten Öffentlichkeit präsentieren und die Deckquoten der erfolgreichen, bunten Hengste entsprechend ansteigen würden. „Charakterlich werden die Noriker außerdem durch die Arbeit mit den Studenten und von unseren Kindern getestet." Dass die Pferde wirklich lammfromm sind, zeigt uns der kleine Vinzenz. Ohne mit der Wimper zu zucken, reitet er auf der schönen Sissi davon und trabt, mutig auf ihrem nackten Rücken stehend, lachend wieder zu uns zurück.

Dann wird angespannt. Ein Noriker nach dem anderen. Stuten und Hengste. In aller Ruhe. Eine richtig schöne, bunte Mischung. Ab geht's in den herbstlichen Wienerwald. Die ganze Familie kuschelt sich in die Polster der Kutsche. Locker trabt der Vierspänner über einsame Wege durch die malerische Landschaft. Zufrieden schnaubt Lotto ab. Ich mustere den lächelnden Max von der Seite und würde mich nicht wundern, wenn er es seinem Liebling nachmachen würde.

Schlossherr
auf Zeit

Gut gelaunt spaziert ein sportlich-leger gekleideter Mittvierziger durch das weitläufige Gelände des niederösterreichischen Marchfeldschlosses Schloss Hof. Warm scheint die Sonne vom blauen Himmel auf die herrlich renovierten, strahlend weiß-gelben Gebäude der von Prinz Eugen erbauten, größten barocken Schlossanlage Europas. Am Horizont schimmert der Stadtrand von Bratislava im Gegenlicht. Kurz genießt Kurt Farasin die herrliche Aussicht über die verschachtelten sieben Gartenterrassen bis hinunter zu den Donauauen. Sein Weg führt ihn weiter, vorbei an grünen Alleen, frisch gestrichenen Mauern, renovierten Hallen, neu eingerichteten Restaurants, rekonstruierten Brunnenanlagen, lauschigen Innenhöfen und bunten Blumenrabatten. Kontaktfreudig grüßt der sympathische Mann viele Besucher und Angestellte.

Mit extra aus Deutschland angereisten, passend zum Schloss kostümierten Hobbyisten trinkt er in geselliger Runde eine Tasse Tee. Für jeden hat er ein freundliches Wort.

Dann stellt uns Farasin die schwarz-weiß gescheckte Norikerin Valerie vor: „Diese Stute ist mein kleiner Liebling und eine Rarität dazu!" schwärmt er. „Die historisch verbürgte Plattenschecken-Fellfarbe galt bei den Norikern lang Zeit als ausgestorben und wurde erst in den letzten Jahren wieder rückgezüchtet. Unsere Valerie ist hoch prämiert und zurzeit die beste Scheck-Stute ihrer Rasse. Wir wollen hier den Besuchern ausschließlich österreichische Rassen mit Geschichte präsentieren."

Niemand würde auf den ersten und wahrscheinlich auch nicht auf den zweiten Blick vermuten, dass auf den Schultern dieses unkomplizierten Mannes unvorstellbare Verantwortung lastet. Farasin ist nicht irgendein netter Angestellter der Schlossverwaltung – höchstens im allerweitesten Sinne.

Kurt Farasin ist Herr über gesamt Schloss Hof. Oberster Chef eines der größten Tourismusprojekte und einer der umfangreichsten Initiativen der Republik Österreich. Herr über insgesamt rund 160 Hektar historisch bedeutsames

Auch für die seltenen weißen Esel und Miniaturponys in ihrem weitläufigen Paddock, die sich gerne von ihm die Nasen streicheln lassen. Am Ende seines Rundgangs betritt er die Stallungen der Meierei. Es duftet nach frischem Heu und Pferden. Meterdicke Mauern und imposante Gewölbe sorgen hier zur allen Jahreszeiten für eine angenehme Temperatur.

Gerade legt Julia Schneeweiss, staatlich geprüfte Reitlehrerin und Bereiterin dem auffälligen Tigerschecken-Noriker Gottfried das Geschirr an. Boxennachbarin Wanda begutachtet den Besucher mit wunderschönen, hellbraunen Augen.

Ob er wohl ein Leckerli für sie hat? Die getupfte Stute wird nicht enttäuscht. Insgesamt wechseln sich sechs Noriker und vier Lipizzaner im Dienst vor den beliebten Besucherkutschen ab. Mit zwei PS lassen sich die Schönheiten der Natur-Landschaft rund um Schloss Hof noch angenehmer genießen, als zu Fuß.

Gelände. Angesichts des erbärmlichen Zustandes, in dem es sich noch 2002 befand, braucht es wahrscheinlich jemand völlig Fachfremden wie ihn, um die Renovierung und Revitalisierung der ehrwürdigen Gemäuer anzupacken und unerbittlich voranzutreiben. Ende 2004 überträgt der Vorgänger Dr. Helmut Pechlaner die Gesamtleitung seinem damaligen Projektleiter und Prokuristen Farasin und belohnt damit dessen kompromisslosen Einsatz und die Liebe zum Projekt. Mit einer ungebremst positiven Sicht der Welt beginnt der ehemalige ORF-Ressortleiter Farasin mit Schwindel erregenden Geldsummen zu jonglieren, macht mit Hilfe alter Pläne und Inventare das scheinbar Unmögliche möglich und verwandelt das heruntergekommene Anwesen in ein Schmuckstück.

„Ich kam zum Schloss wie die Jungfrau zum Kind", lacht er bei einem guten Glas Wein, Hündin Frida auf dem Schoss: „aber es gab ein klares Ziel: Schloss Hof hatte schließlich eine unglaubliche Geschichte und die sollte es wiederbekommen. 75 Millionen Euro standen zur Verfügung und kein büro-

kratischer oder politischer Bremsschuh sollte auch nur den Hauch einer Chance haben, die Sache wieder auszubremsen. Unkonventionelles Zupacken unter größtem Zeitdruck war also gefragt. Geld, welches ausgegeben war, konnte schließlich nicht vom Staat oder der EU zurückgefordert werden. Mein Job ist, einer der prächtigsten Schlossanlagen Europas ihre Würde zurückzugeben und ihre Geschichte samt Elementen barocker Lebensfreude erlebbar zu machen." Farasins Begeisterung bekommt jedoch einen gewaltigen Dämpfer, als er das Objekt seiner Begierde zu Gesicht bekommt: „Bruchbude wäre noch geschmeichelt..." Er krempelt die Ärmel hoch und macht sich an die Arbeit – mit dabei: ein enthusiastisches, kreatives Expertenteam. Alle, denen wir begegnen, sind begeistert vom Arbeitsklima, überzeugt von dem, was sie da tun und stehen voll hinter ihrem jovialen, aber fähigen Chef.

Der holt sich seinen Antrieb für Neues immer aus Kleinigkeiten, die ihm nicht gefallen. Unumwunden gibt er zu: „Da werde ich unruhig!" Im Stall stolpert er ständig über solche „Störfaktoren": Es liegt zum Beispiel Stroh am Boden oder ein Sattel hängt über der Boxentür. Von Anfang an nützen seine sonst so fruchtbaren Ermahnungen rund um den Pferdestall herzlich wenig. Er versteht die Welt nicht mehr. Dabei sind die Mitarbeiter doch sonst so zuverlässig! Der Sattel ist am nächsten Tag weg, dafür hängt aber ein Halfter an der Tür. Warum muss das so sein? Irgendwann ist Kurt Farasin, der vorher noch nie mit Pferden zu tun hatte, so weit, dass er diesen seltsamen Dingen persönlich auf den Grund gehen möchte.

„Ich fing ganz klein an", gesteht Farasin, „und lernte, dass ein Pferd kein Auto ist. Als nächstes entdeckte ich, dass Pferde absolute Individuen sind. Wenn man nicht bereit ist, sich mit ihnen auseinanderzusetzen, sollte man lieber gleich die Finger von ihnen lassen. Diese Erkenntnis war für mich sehr überraschend. Pferde sind kompliziert, aber genau das machte die Sache umso spannender." 2007 hatte der Pferdevirus den Geschäftsführer endgültig gepackt: „Anfangs bedeuteten sie mir emotional genauso viel wie unsere Kamele, Ziegen, Schafe oder Esel. Ich wusste nur, dass sie irgendwie aufwändiger in der Pflege sind. Jetzt stieg mein

Interesse für sie und es hat mir gewaltig gestunken, dass ich mir ihre Namen einfach nicht merken konnte." Er fragt seinen Stall-Mitarbeitern Löcher in den Bauch, sieht, dass Pferde Fluchttiere mit gewaltiger Kraft sind und dass der Umgang mit ihnen nicht nur sehr viel Verantwortungsbewusstsein erfordert, sondern durchaus auch gefährlich werden kann. Eine weitere Entdeckung: „Sie können sich Menschen anpassen! Wenn der Kutscher verrückt ist, sind es seine Pferde auch, ist er eine Schlafmütze, schlurfen sie vor der Kutsche rum." Besonders beeindruckt Farasin die Stimmung zwischen Pferd und Mensch, wenn sie miteinander harmonieren: „Es ist zwar nicht immer einfach, aber unheimlich heilsam, sich direkt von der Büro-Hektik kommend auf die Tiere einzustellen, und den Stress vor der Stalltüre abzulegen." Faszinierend findet er die Parallelen zwischen der Arbeit mit Pferden und dem modernen Management: „Die merken einfach alles und wissen ganz genau, ob du es ernst meinst. Menschen kann man was vorspielen. Mit einem Pferd klappt

das NIE. Die sind viel schlauer als wir!" Grinsend nippt er an seinem Rotwein und fährt fort: „Auf der anderen Seite bist du total angeschmiert, wenn du selber nicht beurteilen kannst, wie das Pferd gerade drauf ist. Wenn dir ein Pferd vor der Kutsche zu heftig ist und du es immer mehr zurücknimmst, beißt es sich irgendwann fest und setzt dir noch mehr Widerstand entgegen. Du musst dann die Leinen locker lassen, mehr Freiraum geben und damit wieder zum Lenken kommen. Genau wie beim modernen Management."

Inzwischen wohnen in Schloss Hof neben vierzehn weißen Eseln, acht Trampeltieren und zwei Renndromedaren, fünf Wisente, -zig Schafe und Ziegen, Hirsche, Lamas, Alpakas, jede Menge Federvieh, sowie dreiundzwanzig Ponys und Pferde. Die sollen sich natürlich unbedingt bewegen und werden bei Kutschfahrten, Ponyreiten, Hochzeiten oder gemäßigtem Fahrsport mit Kegelparcours eingesetzt. Besonders stolz ist man auf die fünf Lipizzaner, die der Anlage von Piber als Leihgabe zur Verfügung gestellt wurden. Reitinstruktorin

Julia, Reiterin Angela und Katha, Leiterin des Tierbereiches, nehmen uns mit auf eine Rundfahrt durchs Schloss.

Die frisch hergerichtete Reithalle mit ihrer elegant geschwungenen Bande ist ein architektonischer Traum. Einige Stallungen und Nebengebäude befinden sich noch im „Urzustand" und bezeugen, was hier in Sachen Renovierung wirklich geleistet wurde. Julias Schatz ist „Professor Gottfried", wie sie den Noriker liebevoll tituliert: „Egal ob vor der Kutsche oder unterm Sattel. Er ist ein echter Allrounder und für jeden Spaß zu haben. Außerdem beherrscht er verschiedene Dressur- und Zirkuslektionen. Dieses Pferd lässt sich einfach durch nichts erschüttern."

Schloss Hof ist ein idealer Platz für Kurt Farasin, um seiner neu entdeckten Pferde-Leidenschaft auch ausgiebig nachzugehen: „Die Anlage war immer ein Pferdeschloss. Vielleicht musste ich erst hierher kommen um auch ein Pferdemensch zu werden! Jetzt arbeiten wir gerade am Ausbau einiger Anlagenteile mit Reithalle und Fahrplatz zu einem

lebenden Pferdezentrum im historisch authentischen Umfeld. Wir haben in diese Richtung noch ganz viel vor!"

Frantisek Kunsky, tschechoslowakischer Staatsmeister im Gespannfahren und mehrfacher erfolgreicher WM-Teilnehmer trainiert die Pferde für ihre kommenden Aufgaben. Er sorgt dafür, dass alle Vierbeiner möglichst vielseitig und so schonend wie möglich eingesetzt und gearbeitet werden. Davon profitiert natürlich auch Farasin trotz seiner knapp bemessenen Freizeit. Dank des versierten Lehrmeisters beherrscht der Schlossherr auf Zeit den Lipizzaner Zweispänner schon recht gut:

„Es ist ein Traum. Nur auf dem Kutschbock habe ich wirklich Ruhe", gesteht er schmunzelnd. Viel zu selten gönnt er sich seiner Meinung nach den Luxus einer entspannten Ausfahrt in die nahezu unberührten Donauauen mit ihren seltenen Pflanzen und Tieren. Eine durchaus standesgemäße Beschäftigung für einen Schlossherren. Prinz Eugen und Maria Theresia hätten sicher ihre Freude daran gehabt mitzufahren.

Goldene
Pferde

für alle Fälle

Das Zelt der Haflingerweltausstellung ist groß – sehr groß. Auf 200 x 40 Metern beherbergt der größte Pferdestall der Welt 364 Haflingerstuten ohne Fohlen sowie 267 mit Fohlen, also insgesamt 898 Tiere.

Dazu kommen noch die Hengste – aber die sind verständlicherweise anderswo untergebracht. 25 Tonnen Heu stehen bereit. Die Show sprengt alle Dimensionen. Der komplette Weg durch den gigantischen Stall in Ebbs ist über einen Kilometer lang. Die Züchter hält das fit. Sie müssen ihn öfters zurücklegen, denn die Haflinger sind nach Alter und nicht nach Ausstellern gruppiert. Alle Pferde stehen friedlich zusammen in diesem riesigen Zelt. Seite an Seite in kleinen Ständern – anders wäre es vom Platz her gar nicht machbar. Nur Stuten mit Fohlen bei Fuß lugen aus Boxen hervor. Das Baumaterial besteht aus heimischem Holz und wird nach der Ausstellung zum Zaunausbessern auf dem Fohlenhof genutzt. Staunend wandert der Blick der Besucher über

blonden Kleinpferde. Selbst in Tibet tummeln sie sich zur Blutauffrischung einheimischer Bergrassen und auch im Stall des legendären Hongkong Jockey-Clubs steht ein Haflinger. Nachdem die Chinesen große Probleme mit der Aussprache von „Ha" und „R" haben, rufen sie den Haflinger einfach „Flingel" und er hört natürlich auf diesen sehr speziellen Namen.

In einigen Ställen manchmal immer noch als Kinderponys belächelt, sorgen moderne Typen inzwischen auf allen Arten von Turnieren für Furore. Vorausgesetzt, man beschäftigt sich genauso intensiv mit ihnen, wie mit einem Warmblut oder einem Quarter Horse. Eines ist jedenfalls klar: Haflinger sind weltweit begehrte, leistungsfähige Allrounder und mausern sich in den letzten Jahren dank konsequenter Zucht, Qualität und guter Vermarktung vom ehemaligen Arbeitspferdchen der Bergbauern zum internationalen Erfolgsmodell.

Die alle fünf Jahre stattfindende Weltausstellung ist so etwas wie die Olympiade der Haflingerzüchter. 2005 treffen sich 18 Nationen aus ganz Europa und den USA zum

unzählige Pferderücken zu goldglänzenden, muskulösen Kruppen bis zu einer schier endlosen Reihe schneeweißer Schweife. Auf der anderen Seite des Ganges blitzen große, dunkle Augen freundlich durch die frisch gewaschenen Schöpfe.

Haflinger sind sympathisch, charmant und unwiderstehlich. Sie gleichen einander wie ein Ei dem anderen. Der Typus dieser schicken, kompakten Rasse ist so unverwechselbar, dass die Tiere selbst für Laien jederzeit zu erkennen sind.

Hinzu kommen Genügsamkeit, Leistungsbereitschaft, Langlebigkeit, Robustheit, umgänglicher Charakter und der gewisse Schuss Temperament, wenn es gefragt ist. „Billigversionen" aus Pferdevermehrungsbetrieben sind zwar überall zu haben, aber für gute, dreijährige Haflinger in Zuchtqualität bezahlen Liebhaber inzwischen ganz selbstverständlich hohe, fünfstellige Summen. Mehr als 100.000 Züchter in 40 Staaten unterstreichen die Bedeutung der

vierten Mal in dem kleinen Tiroler Dorf, um ihren Champion zu küren. Im Rahmen der EU-Erweiterung begrüßt man erstmals auch Teilnehmer aus Slowenien, Polen, der Slowakei und Ungarn. Ebbs demonstriert wieder einmal die weltweite Verflechtung der Pferdezucht, ermöglicht eine Standortbestimmung der Haflingerfamilie und informiert die Öffentlichkeit ausführlich über den hohen Stand der Zucht.

Über 50.000 Besucher aus aller Welt, inklusive Japan, genießen vor eindrucksvoller Bergkulisse fünf Tage lang ein abwechslungsreiches Programm. So showt man beispielsweise Pferdefamilien in sechs Generationen auf Weltklasseniveau. Zeichen überlegter Anpaarungen besonnener Züchter und genetisch stabiler Elterntiere. Zu sehen sind auch legendäre Hengste mit bis zu 38 Weltklassenachkommen. Der 25-jährige Afghan II trägt die Kopfnummer 1 nicht umsonst. Der Hengst setzt die Tradition seines Vaters, des Stempelhengstes Afghan I, mehr als erfolgreich fort. Beide sorgen dafür, dass die A-Linie inzwischen weltweit dominiert. Auch sein Sohn Amadeus strahlt das gewisse Etwas eines Klassepferdes aus. Besonders beklatscht wird natürlich Amsterdam, persönlich vorgestellt von seinem prominenten Besitzer Norbert Rier, Sänger und Chef der bekannten Volksmusikgruppe Kastelruther Spatzen.

Immer wieder zieht es meinen Blick magisch auf den Hengst mit der Kopfnummer 20. Ich weiß nicht wer er ist, finde ihn aber einfach unwiderstehlich. Dunkelgoldglänzend, athletisch, mit gutem Fundament, üppigem Langhaar und herrlichem Gesicht sticht er selbst aus dieser schier unübersehbaren Masse von Pferden hervor. Nach einem Blick ins Programmheft weiß ich warum: Abendstern wirbt mit seinem Porträt überall für die Tiroler Haflinger und war bereits das letzte Mal Weltsiegerhengst. Er ist in Natura wesentlich imposanter als auf dem Foto und hat seit der Aufnahme deutlich an Ausdruck gewonnen.

Der Fuchs beeindruckt auch die 14-köpfige Jury, denn sie kürt ihn einstimmig erneut zum besten Haflingerhengst der Welt. Johannes Schweisgut, Präsident der Welt Haflinger Vereinigung und Zuchtleiter des Haflinger Pferdezuchtverbandes Tirol weist in seinen deutsch-englischen Kommentaren immer wieder darauf hin, welche Verantwortung

Stutenbesitzer bei der Wahl des passenden Hengstes hätten. Nicht immer sei der Populärste auch der Beste für das jeweilige Muttertier. Man müsse Stuten kritisch betrachten und eventuelle Mängel in Bewegung, Exterieur oder Ausstrahlung mit entsprechenden Vatertieren ausgleichen. Nur dann sei eine qualitativ hochwertige Nachzucht möglich und bei bewährten, durchgezüchteten Stämmen auch wahrscheinlich.

Der Österreicher hat bei tausenden, interessierten Zuhörer keinen leichten Job: fünf Tage mit Anzug und Krawatte in sengender Sonne stehen, fast ununterbrochen reden, Stutenlinien diskutieren, VIPs aus aller Welt begrüßen, Auszeichnungen vergeben und dabei noch eine gute Figur abgeben. Dank diverser Packungen Halstabletten in der Jackettasche meistert er diese Kräfte zehrende Aufgabe trotz versagender Stimmbänder souverän. Eben auch ein Allrounder, wie seine geliebten Haflinger und natürlich ein waschechter Tiroler. So ganz ohne die berühmt-berüchtigte Sturheit dieses speziellen Landstriches wären er und seine geliebte Pferderasse wohl nicht so weit gekommen – das betont Schweisgut explizit. „Haflinger können nur aus Tirol kommen, denn wie der Mensch, so das Pferd! Bodenständig, ehrlich, fleißig, arbeitsam, verlässlich und treu – wenn die

Hat Johannes Schweisgut denn nie mit dem Gedanken gespielt, auch mal eine andere Rasse auszuprobieren, also quasi „fremdzugehen"? „Niemals!" versichert er überaus glaubwürdig. „Warum auch? Es gibt doch kein schöneres Pferd." Der Geschäftsführer des Fohlenhofes setzt alles daran, die Arbeit seines Vaters fortzuführen und die Rasse noch besser zu machen. Grenzenlos ist sein Engagement, klar umrissen das Zuchtziel: „Wir müssen mit unseren Haflingern den europäischen Pferdefreund ansprechen und auch einen Erwachsenen gut darauf aussehen lassen. Dazu braucht man Pferde mit passenden Proportionen. 145 Zentimeter Schulterhöhe sind dazu einfach zu klein. Fünf Zentimeter mehr machen viel aus. Dazu ein schickes Gesicht und ein genügend kräftiges Fundament. In diese Richtung marschieren wir bereits erfolgreich seit einigen Jahren und kommen so dem eigentlichen Urhaflinger immer näher. Der war nämlich auch viel größer und feiner, als die meisten glauben!"

Sturheit nur erst mal überwunden ist. Denn Tiroler beharren gerne auf allen Dingen, auch wenn sie aussichtslos erscheinen", schmunzelt der bereits in der Wiege infizierte, lebenslang bekennende Haflingerfan: „Tiroler geben einfach nicht auf!"

Anders geht es auch nicht, wenn man im beschaulichen Ebbs mitten auf der grünen Wiese die größte Rasseschau der Welt veranstaltet. Darauf ist der Geschäftsführer des Fohlenhofes zu Recht stolz „Fünf Tage lang beherbergen wir 1.000 Pferde. Das ist absolut einmalig." Und logistischer Wahnsinn, aber das stört einen original Tiroler natürlich nicht im Geringsten: „Vom 2.-6. Juni 2010 machen wir es wieder – zum fünften Mal!".

Edleres Aussehen spricht die Käufer an, aber der Charakter des Haflingers dürfe sich jedoch keinesfalls ändern, so Schweisgut. Fremdblut kommt ihm deshalb nicht in Tüte und schon gar nicht in die Zucht: „Die Arbeitsfähigkeit unseres Haflingers muss unbedingt erhalten bleiben. Egal ob im Geschirr oder unterm Sattel. Er soll weiterhin einem Laien auch mal einen Fehler verzeihen, genügsam in Futter und Haltung, intelligent, arbeitsam und ehrlich sein."

Mit seiner modern ausgerichteten Zucht- und Vermarktungspolitik drückt Johannes Schweisgut im Fohlenhof Ebbs dieser Rasse seinen Stempel auf und sorgt mit bereits angesprochenen Tiroler Eigenschaften dafür, dass die Züchter entsprechend mitziehen. Der Haflinger ist erwachsen geworden und durchaus gewappnet für eine erfolgreiche Zukunft – im Sport und wachsenden Freizeitbereich. Goldene Farbe und ein Charakter, der wahrhaft Gold wert ist. Gute Zutaten für ein Erfolgsrezept. Trotz – oder gerade wegen der Tiroler Sturheit.

Eine Frau steht ihren Mann

Andrea Holzleithner leitet seit Ende 2004 die Geschicke der „Pferdezentrum Stadl-Paura GmbH", die in ihrer heutigen Form aus einem Zusammenschluss aller österreichischen Zuchtverbände und des Bundesfachverbandes für Reiten und Fahren in Österreich besteht.

Die 12 Hektar große, historische Anlage bei Wels bietet Stallungen für 150 Pferde. Rund 100 Boxen davon sind im Schnitt mit wechselndem Tierbestand belegt. Verschiedene Stalltafeln kennzeichnen Schul-, Ausbildungs- und Verkaufspferde, hinzu kommen Sport-, Schau- und Showpferde für Veranstaltungen, Championate, Landes-, Europa- und sogar Weltmeisterschaften, wie die der Islandpferde. Ständig findet irgendein kleinerer oder größerer Event im Zucht- oder Sportbereich statt – insgesamt über 100 im Jahr.

Den österreichischen Rasseverbänden vom Warmblut über Haflinger, Shagya- und Vollblutaraber bis zum Noriker, aber auch Islandpferden, Lipizzanern, Connemaras, Huzulen oder

Tinkern bietet die Anlage den geeigneten Rahmen für ihre Treffen. Die größere der beiden Hallen, hell und attraktiv gebaut, fasst über 2.000 Zuschauer und ist gut für jährlich mindestens drei internationale Turniere. In Stadl-Paura ist eine ganze Menge los und das Team meistert die Herausforderungen mit enormer Routine in Sachen Organisation und Abwicklung.

Mit der Leitung des denkmalgeschützten Pferdezentrums hat Andrea Holzleithner zunächst nur das Erbe ihres leider viel zu früh verstorbenen Vaters angetreten. Johann Entenfellner war einer der profiliertesten Reitsportfunktionäre des Landes. Ein ebenso energischer wie unermüdlicher Streiter für das Pferd. Obwohl schon vier Jahre in Pension, wurde er im September 2000 Geschäftsführer des österreichischen Pferdezentrums und sorgte mit seiner unnachahmlichen Dynamik, mit guter Laune, schier unerschöpflicher Energie, Mut zu Visionen und Begeisterungsfähigkeit für einen vollen Veranstaltungskalender. Der leidenschaftliche Pferdemensch brachte Ruhe und Ordnung in das Führungsteam und schaffte es auch, die junge Institution wirtschaftlich zu konsolidieren. Andrea war seine rechte Hand und hatte demzufolge nach dem überraschenden Tod des Vaters den besten Einblick in die Geschäftsführung. Was als vorübergehende Übergangslösung geplant war, entwickelte sich schnell zum Dauerjob, den sie inzwischen mit Herz und Seele ausfüllt.

Ihr Vater hatte den Job noch ehrenamtlich gemacht und angesichts ihres Honorars scheint ihn auch die promovierte Juristin Andrea überwiegend aus Freude auszuüben. Das Betriebsklima ist sehr gut, alle Praktikanten und Bereiter fühlen sich wohl und man kann der Anlage nur wünschen, dass sie ihr historisches Erbe auch weiterhin bewahren kann. Weg von den Sparzwängen und Zukunftssorgen der einstigen, verschlafen wirkenden Bundesanstalt für Pferdezucht, hat das neue österreichische Pferdezentrum Stadl-Paura sein verstaubtes Beamtenimage in kürzester Zeit gründlich abgestreift. Teamgeist, Engagement, Kundenfreundlichkeit und Sachkompetenz als Zentrum für die österreichische Pferdezucht und den Pferdesport sind heute wesentliche Bestandteile der Unternehmensphilosophie. Auf unverwechselbare Art und Weise verbindet dieses historisch gewachsene Kleinod

Vergangenheit und Zukunft in einem Ensemble, in das vor über 200 Jahren zunächst mit Flusstreidelpferden, später mit staatlichen Zuchthengsten die ersten Pferde Einzug gehalten hatten, und das heute unter moderner Führung wieder zur neuen Blüte kommt.

Darüber hinaus hat sich natürlich auch in Punkto Pferdhaltung gerade in den letzten Jahren einiges getan. Natürlich werden auch in Stadl-Paura keine Pferde mehr in Ständen gehalten, aber die Boxen entsprechen nicht mehr ganz den Ansprüchen, die man für einen Daueraufenthalt geeignet halten könnte. „Ich habe ja schon Pläne für einen Umbau und eine Erweiterung", schwärmt Andrea. „Nachdem wir mit dem Eintritt des Bundesfachverbandes für Reiten und Fahren als zweitgrößter Gesellschafter auch Bundesleistungszentrum für den Pferdesport geworden sind, bauen wir eine dritte Halle, damit unsere Einsteller während einer Veranstaltung ihre Pferde unter einem Dach bewegen können. Auch ein Außenplatz soll überdacht werden. An die neu geplante Halle möchte ich neue Boxen mit modernen Außenpaddocks anbauen lassen, wohin wir dann die Ausbildungspferde stellen.

All diese Investitionen werden wir mit Unterstützung unseres neuen Gesellschafters und des Landes Oberösterreich bis 2011 verwirklichen." Das ist eine feine Sache, denn die Anlage muss sich selbst ums Überleben kümmern und ist dabei ganz auf sich alleine gestellt. Ein wichtiges Standbein ist die benachbarte österreichische Pferdewirtschule Lambach.

30 Schulpferde stellt das Pferdezentrum, in den Schulferien werden sie für Reitabzeichenkurse genutzt. Des Weiteren stehen sechs staatliche Deckhengste vom Landesverband der Pferdezüchter Oberösterreich separat in einer Deckstation. Rund 20 Mitarbeiter kümmern sich um Tiere, Gebäude, Verwaltung und Grünflächen.

Jeder kann die beeindruckende Anlage betreten und sich auf dem herrlichen Gelände umsehen. Einige Bänke laden zum Verweilen ein und dann lässt man das emsige Geschehen einfach an sich vorüberziehen. Ein- oder zweispännige Kutschen mit kraftvollen Norikern, charmanten Haflingern oder noblen Warmblütern traben vorbei. Reitergruppen machen sich für ihren Unterricht fertig, bummeln an den Hecken entlang oder unterrichten sich gegenseitig an der Longe. Bereiter trainieren noble Hengste für Leistungs- oder Materialprüfungen, galoppieren über die Waldwege, fliegen über Geländesprünge oder üben das flüssige Vortraben. Ein putziges Pony kommt mit einem vorbildlich sitzenden kleinen Mädchen vorbei. Beide traben emsig im Dressurviereck herum, während ein Teilnehmer des Europachampionats für junge Pferde seine beeindruckende Stute in gewaltigen Tritten durch den Sand schweben lässt.

Trotz ihrer vielen Veranstaltungen hat Andrea Holzleithner noch weitere Pläne: „Für die Zukunft möchten wir gerne mehr Besucher hierher holen, welche die besondere Atmosphäre dieser historischen Anlage genießen und sich hier inmitten der Pferde erholen sollen. Wir hatten schon diverse Welt- und Europameisterschaften zu Gast und wollen natürlich gerne auf diesem Niveau weiterarbeiten. Eine einmalige Chance ist dabei die Möglichkeit, das Pferdezentrum im Jahr 2016 zum Mittelpunkt einer Oberösterreichischen Landesausstellung zu machen. Dann hoffen wir natürlich darauf, in den nächsten Jahren eine intensive Förderung zu erfahren. Alle ungenutzten und dementsprechend etwas heruntergekommenen Gebäudeteile sollen dann von Grund auf renoviert und ausgebaut werden. Dann schaffen wir es auch endlich, ein eigenes Museum und Unterkünfte zu bauen, was unseren Stellenwert sicher erhöht. Platz dafür ist mehr als genug vorhanden! Außerdem werden wir auch in Zukunft daran arbeiten, möglichst viele, internationale reiterliche Highlights zu uns zu holen. Vielleicht rückt dann ja auch unsere neue Reit- und Paddockstallanlage in den Bereich des Möglichen."

Vinatero

in der Therme

Hier ist das Unmögliche möglich geworden. Ein Traum, eine Vision wurde verwirklicht. (Friedensreich Hundertwasser)

Eingebettet in die steirische Hügellandschaft liegt das Rogner Bad Blumau. Ein bewohnbares Kunstwerk im Einklang mit der Natur. Ein wahr gewordener, begehbarer Traum. Visionäres Architekturprojekt eines Genies und Vorreiters der grünen Bewegung mit begrünten Dächern, goldenen Kuppeln, runden Wänden und bunten Fassaden. Die Signatur von Friedensreich Hundertwasser ist unverwechselbar. Seine organischen Muster und Formen vermitteln Geborgenheit und Inspiration. Intensiv leuchten unzählige Säulen in reinen, „dunkelbunten" Farben. Kein Fenster gleicht dem anderen. Jedes Mal wenn ich die Therme besuche, kann ich mich gar nicht satt sehen an der Vielfalt und Kreativität dieses magischen Ortes. Hier sprudelt nicht nur heilkräftiges Wasser. Körper, Seele und Geist werden auch von Schönheit und Harmonie der Architektur positiv beeinflusst. Wellness pur!

Der Wunsch, hier ein Pferd zu fotografieren, wächst mit jedem Besuch. Ein Bild nimmt vor meinen Augen Gestalt an. Ein Schimmel inmitten farbiger Säulen. Überall sehe ich ihn vor mir. Er müsste einfach nur da stehen. Oder noch besser: auf dem Dach stehen. Vielleicht sogar auf den Hinterbeinen. Was für ein Motiv! Hundertwasser hätte sicher nichts dagegen. Was sollte besser zu seinen für die Natur konzipierten, grünen Dächern passen, als ein lebendiges, kraftvolles und schönes Pferd?

Drei Jahre denke ich darüber nach, dann halte ich es nicht mehr aus und spreche bei der Hoteldirektion vor. Die Sache muss endlich aus meinem Kopf verschwinden. Das Management staunt nicht schlecht, als ich ihm die Idee von dem Pferd auf dem Dach präsentiere. Wie werden sie reagieren? Ich mache mir so meine Gedanken und hoffe einfach darauf, dass die Angestellten im Sinne von Hundertwasser durch seine Architektur flexibler, offener und toleranter sind, als es normalerweise in einem Luxushotel üblich ist. Und tatsächlich. Die Antwort lautet: „Warum nicht?"

Drei Stunden später rollt ein Pferdehänger auf den Parkplatz. Lisl Stabinger vom Lindenhof in Hausmannsstätten ist verrückt genug, für diese Sache alles liegen und stehen zu lassen. Außerdem hat sie genau das richtige Pferd dafür: Vinatero, ein show- und filmerprobter Schimmel, der besonders gut still stehen kann.

Gelassen mustert der Andalusier die ungewohnte Umgebung und posiert vor dem „Kunsthaus" für die Kamera. Im Erdgeschoß des „Steinhauses" räumen wir einen Balkon leer und positionieren das Pferd hinter einer der Säulen. Endlich bekomme ich meine erträumte Kombination. Noch besser wirkt die lange Säulenreihe neben der Rezeption. Relaxt balanciert Vinatero auf dem von Hundertwasser bewusst unebenen gestalteten Boden und spitzt gut gelaunt die Ohren. Anscheinend wirkt das Wellness-Konzept der Therme sogar auf Pferde! Zur Belohnung gibt's biologische Äpfel direkt vom benachbarten Baum, die der rassige Andalusier schmatzend verspeist. Apropos Äpfel: Der Wallach ist, solange wir an den Gebäuden sind, völlig stubenrein! Erst auf dem Weg zum „Ziegelhaus" hinterlässt er im Gras ein paar seiner eigenen Pferdeäpfel. Lisl hat ihn gut erzogen. Im malerischen Durchgang lugt der Schimmel perfekt um die Ecke und beobachtet

dabei interessiert die in weiße Bademäntel gehüllten Hotelgäste. So ein weißes Outfit hat er schließlich auch. Kein Wunder, dass er sich hier voll zugehörig und wie zu Hause fühlt.

Selbst die schwimmende Restaurantterrasse kann Vinatero nicht aus der Ruhe bringen. Er ist immer noch voll bei der Sache. Dann führen wir ihn aufs erste Dach. Vor der futuristischen Spiegelglaskuppel des Thermeninnenbeckens präsentiert er uns eine Piaffe.

Die Badenden staunen nicht schlecht, als das Pferd von oben auf sie herabsieht. Kinder laufen herbei und streicheln ihm begeistert die samtige Nase.

Dann kommt der Höhepunkt unseres Shootings. Im Zickzack erklimmen wir das gewölbte Dach des „Kunsthauses".

„Hügelwiesenland" ist ein einzigartiges Gesamtkunstwerk von einem der großartigsten Künstler der Neuzeit. Als Baumeister wollte er mit seinen etwa 50, weltweit entstanden Projekten Zeichen und Beispiele für eine natur- und menschengerechtere Architektur setzen. Er war ein unbedingter Verfechter organischer Materialien und Formen. Gerade Linien empfand er als „gottlos und unmoralisch". In der ganzen Natur gäbe es keine, mit dem Lineal gezogene Linie- so Hundertwasser. Mit ein Grund, warum die Therme in Blumau so attraktiv und lebendig wirkt. Alles fließt. Wände, Böden und Dächer tanzen einen beschwingten Reigen ohne Ecken und Kanten. Der im Jahr 2000 verstorbene Künstler war stolz darauf, ein „Behübscher" zu sein. Und er forderte zu Recht: „Die ganze hässliche Welt, die graue, herzlose Welt müsste behübscht werden. Ein menschlicher, freundlicher, heiterer Geist soll einziehen in die Wohnungen und Häuser." Wenn sie alle so gebaut wären, wie seine, wäre das wohl kein Problem. In Blumau kann es jeder zumindest mal ausprobieren, denn, so Hundertwasser: „Mit uns träumen die Menschen von mehr Romantik, mehr Geborgenheit, mehr Vielfalt, mehr Kreativität – hier ist es verwirklicht." Stimmt!

Brav krabbelt Vinatero hinter uns her und nascht an Kräutern und Gräsern. Gegenüber erhebt sich der goldene Zwiebelturm des Haupthauses, für Hundertwasser das Symbol für Reichtum und Glück, Wohlstand, Fülle und Fruchtbarkeit. Es ist nicht leicht, das Pferd bei optimalem Hintergrund in die richtige Position parallel zum Hang zu bringen. Der Boden fällt steil ab und gefährdet die Sicherheit von Mensch und Tier. Wir klettern lieber noch höher. Oben angekommen finden wir am Höhepunkt des Bogens eine gut geeignete Stelle. Ich will unbedingt ein Teleobjektiv benutzen, aber die großen Baummieter sind im Weg. Mich kann ich bewegen, die Bäume und das Pferd aber nicht. Also quetsche ich mich in die Brennnesseln an den Rand des Daches und gebe Lisl ein Zeichen. Wir haben die Geduld des Wallachs schon sehr strapaziert. Wer weiß, ob das Tier überhaupt noch Lust hat, sich derartig für uns anzustrengen. Wir haben nur einen Versuch. Die Showtrainerin animiert Vinatero energisch zum Steigen. Majestätisch erhebt sich der Schimmel auf seine Hinterbeine. Klick. Das Motiv ist im Kasten. Ein tolles Pferd!

„Natur, Kunst und Schöpfung sind eine Einheit", philosophierte Hundertwasser. Sein fantasievoller Gebäudekomplex

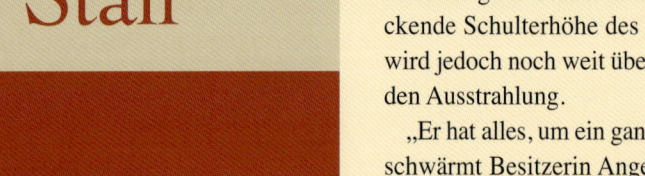

Der König
im Stall

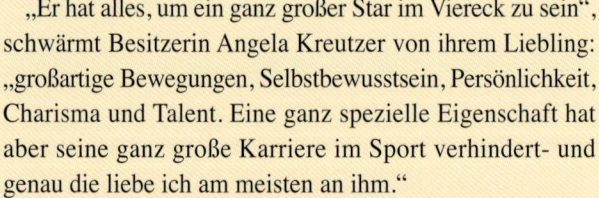

Er ist gigantisch: goldschimmernde, athletische 1,77 Meter groß und jeden Zentimeter davon ein König. Brandenburg ist etwas ganz Großes. Das sieht man sofort. Die beeindruckende Schulterhöhe des gekörten Hannoveranerhengstes wird jedoch noch weit übertroffen von seiner überwältigenden Ausstrahlung.

„Er hat alles, um ein ganz großer Star im Viereck zu sein", schwärmt Besitzerin Angela Kreutzer von ihrem Liebling: „großartige Bewegungen, Selbstbewusstsein, Persönlichkeit, Charisma und Talent. Eine ganz spezielle Eigenschaft hat aber seine ganz große Karriere im Sport verhindert- und genau die liebe ich am meisten an ihm."

Der goldene Riese ist nämlich in Wahrheit eine hochsensible Diva. Recht untypisch für die gezielt auf Leistung gezüchteten Warmblüter, aber, so Angela: „Brandenburg ist ein unglaublicher Schmuser, der richtig knatschig wird, wenn er nicht seine täglichen Liebkosungen erhält. Solange er nicht versorgt, gestreichelt und geritten wurde, darf ich kein anderes Pferd ansehen – zumindest darf er es nicht mitkriegen. Der Hengst ist dann so beleidigt, dass ich an diesem Tag nichts mehr mit ihm anfangen kann."

Reiterfahrung hat die gelernte Winzerin schon von Kindesbeinen an mit drei eigenen Pferden gesammelt. 1989 lernt sie Reitschulbesitzer Heinz kennen, und sattelt um – zur Amateurreitlehrerin. Von der Pike auf beginnt sie, den eigenen Reitstall mit 45 Boxen, zwei Reitplätzen, Halle, Longierzirkel, Galoppbahn und Koppeln mit zu gestalten.

Selbst reitet Angela am liebsten freizeitmäßig mit Schwerpunkt Dressur. Nach diversen eigenen Pferden beschert ihr der Zufall den Hannoveraner Maritim vom renommierten Amselhof Walle bei Celle. Angela ist mit dem Wallach sehr zufrieden und wagt sich mit dem Braunen auch auf kleine Turniere. Als sie ihn wegen einer unheilbaren Krankheit abgeben muss, liegt es nahe beim Amselhof nach einem Nachfolger zu fragen. Im Angebot: Brandenburg. Der ist damals ein weit bis M geförderter Zuchthengst, der aber leider schon viel zu früh und viel zu oft zum Decken kam, was sein Selbstbewusstsein in ungeahnte Höhen klettern ließ. Noch problematischer war jedoch, dass er viel mehr Zuwendung und Ansprache brauchte, als ihm in einem reinen Sportstall gegeben werden konnte. Bei seinen wenigen öffentlichen Auftritten benahm sich der Goldfuchs deshalb gelinde gesagt „daneben". Spitzenhengst hin oder her – er musste gehen.

Der ehemalige Springreiter Heinz fährt nach Deutschland um das Tier in Augenschein zu nehmen: „Der Goldfuchs stand auf einem Podest unter dem Solarium, schaute von hoch oben auf mich herab und ich dachte nur: „Oh Gott, dieses Pferd soll ich meiner Frau bringen? Er war einfach zu beeindruckend, so riesig, so mächtig und schön. Ich traute mich einfach nicht. Brandenburg war einfach zu viel Pferd." Zunächst nimmt er den Hengst also nur auf Video mit nach Hause. Angela erinnert sich noch genau an die ersten Eindrücke: „Nach dem Film schwor ich mir, wenn nötig mein Leben lang zu üben, bis ich ihn reiten kann. Als ich ihn dann aber zum ersten Mal in der Box stehen sah, war ich völlig erschlagen und befürchtete, dass mein Leben dafür vielleicht nicht reichen würde." Ganz Gentleman stellt sich Berufsreiter

Heinz als Versuchskarnickel zur Verfügung und der Hengst benimmt sich einwandfrei. Dann muss Angela dran glauben: „Nach zehn Minuten war mir bereits die Luft ausgegangen. Unglaublicher Trab, schwingender Rücken, gigantischer Hals – für mich als kleine A- und L-Reiterin war es wie ein Sprung ins kalte Wasser und kühlte mein bisschen Reiter-Selbstbewusstsein gewaltig ab."

Nach zwei Wochen sieht der ehemalige Berufsreiter Hans Dietz den Hannoveraner: „Der interessiert mich! Wem gehört er?" Heinz reitet Brandenburg vor. Dietz will jedoch partout den Besitzer sehen: „Der ist schwer zu sitzen, aber grundehrlich! Besteht Interesse an Unterricht?" Und ob! Vier Jahre lang nimmt Angela einmal wöchentlich Stunden: „Es war eine Offenbarung. Papa Dietz sieht sofort, wenn etwas nicht geht. Probleme geht er in Ruhe an. Sein Unterricht hat immer einen roten Faden und immer einen positiven

Stundenabschluss, egal ob Reiter und Pferd gut oder schlecht drauf waren." Dietz fördert Angela von L auf M bis Anfang S. Inzwischen genießt die Wienerin Brandenburgs „vierte Grundgangart", die Zweierwechsel, in vollen Zügen. „Ohne den alten Herrn hätte das nie so gut geklappt!" Inzwischen ist das gewaltige Pferd auch besser zu sitzen, aber die ungeheure Masse, die sich da unter einem bewegt erfordert schon eine große reiterliche Kondition – sogar beim Leichttraben. Angela liebt den Hengst dennoch heiß und innig: „Ich verdanke diesem Pferd alles und bin meinem Mann ewig dankbar, dass er ihn gekauft hat."

Auch Brandenburg hat wohl – im Vergleich zu seinem ehemaligen, überwiegend sportlich geprägten Umfeld – das große Los gezogen. Koppelgang ist ihm noch bei seiner Ankunft in Wien gänzlich unbekannt. Inzwischen tollt er liebend gerne täglich auf seiner ganz persönlichen Wiese herum und präsentiert sich dementsprechend ausgeglichen. Stolz zeigt er sich vor der Kamera, wölbt den muskulösen Hals und schmeißt die kräftigen Hufe mit phänomenalem Schwung. Dabei achtet er aber auf nahezu rührende Art und Weise auf die beteiligten Menschen, die ihn in Bewegung halten sollen. Niemals würde er jemanden anrempeln, geschweige denn umrennen. Aufmerksam hält der Hengst Kontakt mit seiner Umgebung, beschnuppert sanft die Kamera und hält auf Kommando minutenlang wie eine Statue inne. Immer wieder schaut er nach seiner Angela und lässt sich genüsslich den Kopf kraulen. Der Hannoveraner ist ein perfektes Fotomodell und das macht ihn nur noch sympathischer. Aufmüpfig ist er schon lange nicht mehr. Dafür sorgen eine artgerechte Haltung und die individuelle Ansprache, die das Tier heute erfährt. Jetzt steht er im Mittelpunkt des Interesses und das ist genau sein Ding!

Aber damit nicht genug. Der in Deutschland 1991 für Hannover und Oldenburg gekörte Brandenburg von Bolero deckt natürlich auch in Österreich: „Er ist unendlich zärtlich zu den Stuten, aber sie müssen hübsch sein. Wenn er abgesamt wird, tut es nicht die Anwesenheit irgendeiner Ponystute – nein. Ein schickes Haflingermädel muss es dann schon sein!" schmunzelt Angela. Apropos Haflinger: Das Phantom in der Deckstation ist genau für diese Rasse dimensioniert und so kracht das ganze Ding beim ersten Aufspringen zunächst ein Mal unter dem Goldjungen zusammen. Brandenburg lässt sich aber selbst durch so ein Ereignis nicht aus der Ruhe bringen, wartet geduldig, bis es wieder aufgebaut ist und springt erneut auf. Seine Nachzucht ist durchwegs großrahmig mit gutem Halsaufsatz und jeder Menge Bewegung. Außerdem vererbt er zuverlässig seinen einwandfreien Charakter.

Gibt es überhaupt irgendetwas, was Angela an ihrem Liebling auszusetzen hat? „Er ist gnadenlos eifersüchtig. Wehe, ich kümmere mich vor seinen Augen um mein Nachwuchspferd. Das kann er überhaupt nicht leiden. Außerdem ist „unsere Hoheit Brandenburg" zu fein, um sich bestechen oder belohnen zu lassen und spuckt in so einem Fall z.B. Zucker sofort mit angewidertem Gesichtsausdruck wieder aus. So etwas habe ich bei einem Pferd noch nie gesehen. Er ist und bleibt halt etwas ganz Besonderes!"

Die drei
Leben

eines Norikers

Auf dem Dürnberg piaffiert ein gewaltiges Pferd. Teile des mächtigen Eisenschimmels, wie zum Beispiel die konvexe Nase, Aufrichtung und Gangmechanik erinnern an einen schweren Lusitano, aber der Rest passt überhaupt nicht zu dieser Rasse. Zu kräftig sind die Gelenke, zu abfallend die Kruppe. Auch das Outfit der Reiterin wirft Fragen auf. Statt Reitrock trägt sie Trachtenjäckchen. Irgendwie passt das jedoch zu diesem außergewöhnlichen Paar.

Zum Abschluss zeigt uns Elfrida „Elfi" Köttner noch ein paar schöne Seitengänge sowie ein klassisches Terre á Terre. Nicht schlecht für eine Westernreitinstruktorin und ihren, ja was denn nun…? „Bruni geht diverse schwere Dressurlektionen mit spielerischer Leichtigkeit und ein Ende ist noch lange nicht abzusehen", strahlt die Reiterin und lüftet endlich das Geheimnis: „Er hat natürlich mehr Aufrichtung und eine höhere Aktion als die meisten seiner Rassekollegen. Aber auch wenn er die 'alte Version' des österreichischen

Über dreihundert Pferde sind durch seine erfahrenen Hände gegangen. Seine ganz eigenen Methoden der Ausbildung und des Einfahrens haben sich über Jahre entwickelt und bewährt. „Ich bezeichne das als 'Ländliche Fahrweise'. Geeignet auch für Freizeitfahrer. Die Sicherheit ist das Allerwichtigste, aber die kommt durch die Noriker. Am Ende zählt nur eines: Bei Rot muss man hundertprozentig stehen bleiben. Meine Pferde können das."

Rudis Lebensgefährtin Elfi, die uns Bruni vorgestellt hat, ist die erste, in Österreich geprüfte Westernreitinstruktorin, die alle Prüfungen nur mit Norikern abgelegt hat. Mit ihren selbst ausgebildeten Kaltblütern feiert sie spektakuläre Erfolge und verweist sogar die kostspieligen, spezialisierten Westernrassen auf die Plätze: „Die Western-Impulsreiterei kommt den Norikern sehr entgegen. Auf Turnieren liegt mein Schwerpunkt nicht auf spektakulären Manövern, sondern auf einer ultrakorrekten Ausführung der Lektionen. Das reicht allemal zum Gewinnen. 1998 hatte ich mit meiner Stute Zedes bei acht Starts in der schweren Reining sechs Siege, zwei zweite Plätze und am Ende den Bundesmeistertitel. Es geht!"

Wirtschaftspferdes darstellt, ist und bleibt er ein reiner Noriker!" Das schwergewichtige Dressurtalent wohnt auf dem Dürnberghof in Stössing. Hier beherbergt Rudolf Blamauer, genannt Rudi, seit 2002 den größten, privaten Norikerbestand der Welt. Er ist dieser Rasse vollständig verfallen: „Noriker haben jede Menge innere Ruhe, sind gutmütig, leistungsbereit und menschenbezogen." Und er fügt voller Überzeugung hinzu: „Züchter vieler anderer Rassen können das ja behaupten, aber nicht immer beweisen!"

Bis 1987 hat er die Pferde auf dem Hof neben der Mutterkuhhaltung und Deckstation noch zur Arbeit verwendet: „Irgendwann wurde mir klar, dass es keine besseren Freizeitpferde gibt und ich habe mich rein auf die Noriker spezialisiert." Inzwischen gibt es eine riesige Reit- und Fahrhalle, Lauf-, Paddock- und Boxenställe für rund achtzig Pferde sowie die Weidehaltung ohne jedes Kraftfutter. „Denn", so Rudi, „das erhält Gesundheit und Charakter der Noriker".

Elfi kümmert sich um die Ausbildung der Kaltblüter im Western- und auch klassischen Bereich, wo sie sich unter anderem bei Horst Becker weiterbildet. Bekannt ist sie auch für die erfolgreiche Korrektur von Pferd- und Reiterpaaren, die nicht so gut miteinander harmonieren. Außerdem betreut sie die Käufer der höfischen Noriker und bildet sie auf Wunsch gemeinsam mit ihrem neuen Vierbeiner aus. Rudi und Elfi kaufen junge Hengstfohlen auf Märkten und Versteigerungen, ziehen sie auf riesigen Almen im Herdenverband groß und veräußern sie später als Freizeitwallache. Falls mal wieder eine Box frei ist, kann es schon mal vorkommen, dass sie das eine oder andere Pferd von einem Schlachttransport übernehmen.

So auch im Herbst 2000: Bei einem Händler hält das Paar in letzter Minute den gerade abfahrenden Schlachttransporter auf. Sie laden versuchsweise einen Wallach ab und traben ihn vor. Er hat gute Gänge und vor allem keine Fehlstellung. Der Noriker entspricht genau Rudis Schönheitsideal. Er nimmt ihn mit und rettet ihm damit das Leben. „Dass mit dem äußerlich kerngesunden Pferd irgendetwas nicht in Ordnung sein musste, war bei diesem Preis und dem Ort schon klar", seufzt Elfi, „aber das Ausmaß der Probleme konnte niemand ahnen. Ich habe wirklich einige Erfahrung mit schwierigen Pferden, aber dieser Kerl war einfach ein Alptraum." Genauer gesagt: Er ist lebensgefährlich. Nach diversen gefährlichen Vorfällen mit dem Pferd kommen die neuen Besitzer langsam seiner Vergangenheit auf die Spur: Der Noriker mit der begehrten Mohrenkopffarbe ist solange alleine mit einem anderen Hengst aufgewachsen, bis sie sich gegenseitig verletzen. Beide wurden kastriert und als Gespann ausprobiert. Die Kutsche verunglückte schwer. Der Vorfall traumatisierte das Pferd. Alle weiteren Versuche, es in irgendeiner Form im Gespann oder unter dem Sattel zu nutzen, scheiterten kläglich. Mit aller Kraft – und das ist eine ganze Menge – wehrte sich der Noriker gegen sämtliche Menschen, die etwas von ihm wollten. Für Elfi ist die Sache klar: „Aufgrund seiner Aufzucht fehlte ihm jeder Respekt und sein weiterer Lebensweg hatte ihm das Vertrauen genommen. Der Weg zum Metzger war damit programmiert."

Obwohl es fast unmöglich ist, das Pferd zu reiten, lässt die Trainerin nicht locker und holt sich Ausbildungshilfe vom „Hegerberg", einem imposanten Ausflugshügel in der Nachbarschaft: „Wann immer sich unser ewiger Problemfall widersetzlich verhielt, schickte ich ihn im flotten Tempo den Gipfel hoch. Kooperierte er, gestaltete ich die Ritte deutlich gemütlicher. So haben wir uns einigermaßen arrangiert, aber verkaufen konnten wir ihn noch lange nicht."

An einem Sonntag im März 2001 geschieht das Unfassbare: Beim abendlichen Stallauftrieb der großen Herde fehlt ein Pferd. Der Mohrenkopf hat sich buchstäblich in Luft aufgelöst. Noch heute schütteln Elfi und Rudi den Kopf, über das, was damals passiert ist. „Wir haben ewig gesucht und fanden den Wallach schließlich in einer unglaublichen Situation: Er stand eingeklemmt, aufrecht auf den Hinterbeinen stehend, am Boden eines zwölf Meter tiefen Brunnenschachts mit einem Meter Durchmesser. Sein Vorderleib ragte gerade aus dem Wasser empor. Kein Mensch weiß, wie er da hinein gekommen ist." Die Suchmannschaft überlegt, den Noriker zu erschießen. Weil er jedoch immer wieder versucht, sich aufrecht zu halten, beschließt man doch, das Pferd herauszuziehen und beschert ihm damit sein drittes Leben. Rudi beschreibt die spektakuläre Aktion: „Wir organisierten einen Bagger, den Tierarzt und die Feuerwehr mit einer zehn Meter langen Leiter. Der Tierarzt kletterte hinunter, konnte den Wallach aber wegen der Ertrinkungsgefahr nicht sedieren. Aus Platzmangel war es auch unmöglich, ein Seil um seinen

Bauch zu schlingen." Schließlich hangelt das Rettungsteam von oben eine Schlinge um die Vorderbeine und hievt das Tier per Kran senkrecht aus dem engen Loch empor. Alle befürchten das Schlimmste, aber Noriker sind stabil. Wie durch ein Wunder, hat er nach seinem Brunnensturz nicht viel mehr als ein paar Abschürfungen. Der Mohrenkopf mit den bernsteinfarbenen Augen steht sicher auf allen vier Beinen und hat ab sofort einen neuen Namen: Bruni!

Ein Jahr kommt der Unglücksrabe zur Rekonvaleszenz auf die Weide. Er sammelt jede Menge neue Kräfte und als Elfi das Training wieder aufnehmen will, passt ihm das überhaupt nicht. Vehement hinterfragt er ihre Autorität: „Bruni griff völlig unerwartet mit voller Wucht an", berichtet Elfi stockend „und ich bin sicher, er wollte mich umbringen. Irgendwie habe ich die Gefahr völlig unterschätzt und war total schockiert, ahnte aber, dass es meine letzte Chance wäre und hielt voll dagegen. Keine Ahnung, wie ich da wieder heil raus gekommen bin, aber ich habe diesen Kampf gewonnen."

Von diesem Tag an respektiert der Noriker Elfi plötzlich problemlos als seine Chefin. Allerdings nur sie, wie sie aus einiger Erfahrung weiß und uns daher auch beim Freilauf-Shooting dazu rät, vorsichtig zu sein: „Andere können nicht davon ausgehen, einfach so mit ihm los zu ziehen!" Deshalb wird Bruni auch nicht verkauft und darf den Rest seines dritten Lebens bei Elfi verbringen. Sie kümmert sich um eine gezielte Ausbildung des Pferdes und kommt damit hervorragend voran. Der vom Schicksal gebeutelte, aber talentierte Noriker wiederum kehrt bei ihr sämtliche guten Eigenschaften seiner Rasse heraus und kombiniert sie elegant mit der ihm eigenen Leichtfüßigkeit, als wollte er seine Reiterin für die lange Zeit der Enttäuschungen entschädigen. „Unter hunderten von Pferden war er wirklich der Einzige, der uns jemals solche Probleme bereitet hat", beteuert Rudi, hat aber Verständnis für das ungewöhnliche Verhalten: „Angesichts seiner Aufzucht und dem, was er erlebt hat, bevor er zu uns kam, kann er ja überhaupt nichts dafür! Bei ihm ist eigentlich alles verkehrt gelaufen, was verkehrt laufen kann. Jetzt findet er langsam wieder zu den typischen Noriker-Eigenschaften zurück. Sicher haben wir noch einen langen Weg vor uns, aber nach dem, was alles schon hinter uns liegt, bin ich ganz zuversichtlich."

Das Ergebnis der fachgerechten Bemühungen um dieses Pferd ist erstaunlich und spricht für sich. Es scheint, der Wallach hat jetzt endlich seinen Platz im Leben und einen Menschen gefunden, der ihn versteht und dem er vertrauen kann. Für Bruni hat es jedenfalls beim dritten Anlauf endlich geklappt. Aller guten Dinge sind eben drei.

Ein glorreiches Comeback

Ein spontaner Besuch im Bundesgestüt Piber. Eigentlich soll es an diesem Vormittag nur ein kleiner Brauner mit Max Dobretsberger werden, denn wir kennen den Gestütsleiter noch aus seiner Zeit als Leiter des Lehr- und Forschungsgutes Kremesberg. Seinen schönsten Lipizzaner, den will er uns aber unbedingt zeigen. Kurz danach kommt aus dem Hengststall ein Schimmel, der einem regelrecht die Sprache verschlägt.

Es ist mit Abstand der schönste, typvollste Lipizzaner, den ich je gesehen habe. Silberweiß, großrahmig und bestens proportioniert. Die Ausstrahlung des Hengstes mit dem gewaltigen Hals ist unbeschreiblich. Sein Kopf könnte edler nicht sein. Fein spielen die Ohren, die beweglichen Nüstern sind leicht gebläht. Riesengroße, kohlrabenschwarze Augen mustern uns interessiert. „Das ist Pluto Presciana", stellt ihn Max mit ebenso leuchtenden Augen vor. Entgegen aller Vorsätze, wird schnell klar: Ich muss dieses Traumpferd fotografieren. Aber wie und wo? Arkadenbögen säumen den

Innenhof des Schlosses. Ideales Ambiente. Ich frage, ob da schon mal ein Pferd gewesen sei. Max wundert sich „Nein. Warum?" „Weil es dann allerhöchste Zeit wird, mal eines hinzustellen!" Ein paar Minuten später finden wir sogar eine Möglichkeit, dem Hengst die Treppen zu ersparen. Ein Cateringservice hat am Hintereingang stabile Rampen für Feierlichkeiten installiert. Nur mit einem leichten Showzaum versehen, betritt Presciana die Bühne. Selbstbewusst schaut er sich um. Alles dreht sich nur um ihn, das ist ganz nach seinem Geschmack. Vorsorglich meldet er mit lautstarkem Wiehern seinen Anspruch auf dieses neue Areal an, aber es ertönt keine Antwort. Er ist und bleibt der Chef im Ring. Gekonnt dirigieren ihn Max Dobretsberger und Oberge-stütswärter Leopold Weiss. Schnell haben wir ein paar schöne Motive im Kasten. Unser vierbeiniges Model darf zurück in den Stall und ich kann jetzt ganz ruhig meinen Kaffee genie-ßen. Dabei erfahren wir die ungewöhnliche Geschichte des beeindruckenden Hengstes.

1980 als Sohn des berühmten Pluto Alda-28 geboren, kommt er dreijährig in die Hofreitschule. Zehn Jahre Ausbildung – später wird er ausgemustert und 1995 nach Stadl-Paura überstellt. Irgendwie geht der Hengst in den Bestandslisten der Spanischen Reitschule und von Piber unter, gerät in Vergessenheit und verdient sich seinen Hafer als Lehrpferd der landwirtschaftlichen Fachschule Lambach. Dort trifft ihn Thomas Ziepl: „Ich war von ihm total begeistert. Pluto war zwar alt, aber er sprühte vor Charme. Leider war sein Ruf gerade bei den Neulingen, nicht gerade der Beste. Viele nicht so fortgeschrittene Schüler mochten ihn nicht und hielten ihn für unreitbar, weil sie ihn einfach nicht verstanden und ihm nicht gerecht werden konnten." Es dauert drei Jahre bis der Junge das erste Mal auf dem Lipizzaner sitzt. Er wird diesen Moment nie vergessen: „Selten war ich so nervös ein Pferd zu reiten, aber Pluto war einfach kein gewöhnliches Pferd." Schon beim Putzen bemerkt Thomas Eigenheiten des Hengstes: „Er stand seelenruhig in der Stallgasse und genoss es geputzt zu werden. Nur eines durfte man nicht: Er hasste es, wenn man seine Mähne bürsten wollte! Der alte Herr war sehr eitel und wollte seine Mähnenhaare unbedingt für sich behalten."

Obwohl der Lipizzaner auch von anderen Schülern geritten wird, baut Thomas ein ganz besonderes Verhältnis zu ihm auf: „Der Hengst wusste genau, wer ich war und ich hatte immer das Gefühl, dass er sich freute, wenn er mich sah." Mit glänzenden Augen berichtet er von seiner Zeit mit dem Schimmel: „Pluto Presciana war mein großer Meister. Niemand sonst hat mir soviel beigebracht wie dieses Pferd. Der Hengst war perfekt klassisch ausgebildet. Man musste nur denken, dann führte er die Lektionen aus. Ich hatte auf ihm nie das Gefühl, einfach nur auf einem Pferd zu sitzen, sondern absolut eins mit ihm zu sein. Wenn sich sein Reiter jedoch nicht konzentrierte und seiner Sache zu sicher war, zeigte ihm Pluto schnell, dass er auch ganz anders kann." Auch an solche „Aussetzer" kann sich Thomas nur zu gut erinnern. „Am liebsten arbeitete er alleine in der Halle. Andere Pferde lenkten ihn ab. Vielleicht war das der Grund, weshalb er in Wien gehen musste."

Der Zufall ermöglicht dem herrlichen Pferd ein glanzvolles Comeback. Piber Gestütsleiter Max Dobretsberger besucht mit seiner Tochter ein Dressurturnier in Stadl-Paura, schlendert durch die Stallungen und studiert verblüfft Plutos Stalltafel. Noch vor kurzem hatte er bei der Zuchtplanung festgestellt, dass er dringend einen Hengst der bewährten Pluto Alda Linie bräuchte, aber zu seiner Enttäuschung im eigenen Bestand keine Nachkommen mehr gefunden. Umso überraschter ist er nun, in Pluto Presciana einen leibhaftigen Prachthengst mit exakt dieser Abstammung vor sich zu haben. Und er gehört auch noch dem Gestüt!

Max Dobretsberger fackelt nicht lange und holt den alten Herren am 15. Juni 2006 nach Piber zurück. Wieder daheim geht es für den sechsundzwanzigjährigen Pluto sofort an die Arbeit. Besser spät als nie! Vier Fohlen schafft er noch im selben Jahr zu zeugen. Sie sind so gut, dass er 2007 gleich sechzehn Stuten decken darf.

Anfang Juni haben wir unser gemeinsames Shooting im Innenhof des Schlosses. Danach darf er noch einmal für die Kamera über die Koppel galoppieren. Ein kraftstrotzender, wunderschöner Lipizzaner. Zwei Wochen später, am 25. 7. 2007, hört sein stürmisches Herz plötzlich auf zu schlagen. Er hinterlässt nicht nur wehmütige Erinnerungen an ein großartiges Pferd, sondern vor allem einen fantastischen Fohlenjahrgang. Über diesen wird Pluto Presciana nach Wien zurückkehren.

Senior

mit Schuss

Voller Energie galoppiert Calderon in raumgreifenden Sprüngen über die weitläufige Koppel. Herausfordernd schnaubt uns der Schimmel an, schmeißt seinen markanten, länglichen Kopf in die Höhe und lässt die großen Augen schelmisch blitzen.

Was? Mehr habt ihr nicht zu bieten, als zwei so lahme Leute, die mich hier herumschicken und flott machen sollen? Ist ja lächerlich! Wollen wir das Spiel nicht mal umdrehen? Mal sehen, wie mutig die Herrschaften sind! Dann versucht der Wallach tatsächlich, mit uns „fangen" zu spielen. Sichtlich enttäuscht wendet er sich ab, als wir uns erschrocken hinterm Zaun in Sicherheit bringen. „Das ist noch gar nichts" lacht Elisabeth Walter, die seit über zwei Jahrzehnten mit Calderon zusammen ist. „Ihr hättet ihn mal früher sehen sollen. Ruhiger wurde er erst mit zwanzig." und das ist jetzt schon wieder einige Jahre her. „Noch mit fünfundzwanzig tobte dieses Pferd mit einem anderen so heftig herum, dass

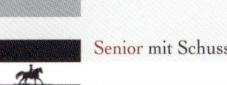

ihm beim gegeneinander Steigen glatt die Vorderzähne abbrachen und er eine Zahnspange brauchte", versichert seine Besitzerin. Der alte Herr ist eben nicht irgendein Pferd, sondern ein so genannter „Podhajsky-Schimmel". Selten, berühmt und wer weiß was noch alles. Ein Experiment und keine Pferderasse.

1968 starten Ewald und Milos Welde in ihrem Gestüt Gschwendthof in Maria Anzbach in Niederösterreich einen Zuchtversuch für erstklassige Fahrpferde. Sie kreuzen Kladruberstuten mit Welsh-Cob Hengsten und benennen die vielversprechenden Fohlen zu Ehren des ehemaligen Leiters der Spanischen Hofreitschule, „Podhajsky-Schimmel". Ziel ist es, das energische und lebhafte Temperament sowie das enorme Gangvermögen des Welsh Cobs mit der unbedingten Zugfestigkeit und dem frommen Temperament der Kladruber zu vereinen, was bei den meisten Nachkommen auch hervorragend funktioniert. Nur der selbstbewusste Calderon fällt halt ein bisschen aus dem Rahmen. Irgendwie hat er von allem etwas zu viel mitbekommen und schwebt sozusagen zwischen Genie und Wahnsinn. Man sagt diesen Pferden nach, dass sie eine große Portion Persönlichkeit mit sich

brächten. Weniger Optimistische würden sie vielleicht als „Sturköpfe" beschreiben und lägen damit bei Calderon nicht ganz daneben. „Dieses Pferd weist jeden Reiter und Ausbilder in seine Grenzen", stöhnt Elisabeth und rauft sich dabei die Haare. „Davon kann ich wirklich ein Lied singen! Aber ich könnte mich nie von ihm trennen. Dazu haben wir einfach zu viel miteinander durchgemacht."

1989 beginnt Familie Walter mit dem Bau des Gestüts Langeberg in Kaltenleutgeben bei Wien. Kurz davor liegt Calderon per Foto als Geschenk für Elisabeth unterm Weihnachtsbaum. „Das Pferd meiner Mutter Gertrude stand damals auf dem Gschwendthof, dem Geburtsort der 'Podhajsky-Schimmel' erinnert sich die Stallbesitzerin „Dort hatte ich mich in den Wallach mit dem Schmachtblick verliebt. Nachdem ich ja schon ein Pferd hatte, dachte ich, dass er sicher gut zu mir passen würde!"

Beide Schützlinge sind jung und haben keine Ahnung, in welche Richtung sie miteinander gehen sollen. Die Mutter sieht jedoch in Elisabeth ein aufkommendes Dressurtalent und bringt sie samt Calderon zu Ernst Bachinger, der ihre Ausbildung übernehmen soll. Zwanzig Jahre war der Mann

Bereiter an der Spanischen, später sogar Leiter der Reitschule, dazu fünffacher österreichischer Staatsmeister der
Dressur. Calderon lässt das völlig kalt. Mit Grauen denkt
Elisabeth an den Unterricht zurück: „Seine Lieblings-
beschäftigung war steigen. Aber ganz bewusst und total
ruhig, so dass einfach keiner mit ihm arbeiten konnte. Durch-
gehen ging etwas flotter, aber er war damit genauso erfolgreich." Ob der Meisterreiter den widerspenstigen Schimmel
wohl als große „Persönlichkeit" in Erinnerung hat? Die
Nachfrage sparen wir uns lieber.

Mit dem Dressurreiten wurde es also erst mal nichts. Und
Springen? Elisabeth seufzt: „Er hat eine ganz eigenartige
Hubschraubertechnik- da vergeht einem schnell der Spaß!
Ich machte aber meine Springlizenz auf ihm und mein hart
gesottener Bruder Robert schaffte Platzierungen bis L."

Irgendwie haben sich die beiden im Laufe der Zeit aber
doch zusammengerauft und Elisabeth weiß bis heute nicht,
wer dabei mehr vom anderen gelernt hat: „Mein Schimmel

kann absolut alles – wenn er nur will. Mich überrascht so leicht nichts mehr. Ich komme heute bestens mit allen Pferden zurecht." Als Calderon, fürs Shooting eingeflochten, aus dem Stall kommt, würde kein Mensch vermuten, dass der schneeweiße Strahlemann mit flotten Schritten auf die Dreißig zugeht: „Wir sind sehr erfolgreich bis M geritten, aber ich wusste nie, wie die Turniere mit ihm ausgehen würden", gesteht seine Reiterin: „Entweder ganz oder gar nichts. Entweder wir gewannen unangefochten oder ich gab nach kürzester Zeit auf. Das ist Calderon. Es gibt einfach kein Mittelmaß! Meine Dressurlizenz musste ich auch zweimal machen. Beim ersten Mal stand ein Hund in Sichtweite. Der interessierte ihn mehr."

Warum hat Elisabeth dem eigenwilligen Pferd die Stange gehalten? „Mit kleinen Kindern oder Anfängern auf dem Rücken war er hundertprozentig zuverlässig und das reinste Lämmchen. Da hätte eine Bombe neben ihm einschlagen können! Natürlich haben wir mit dem Gedanken gespielt, ihn zu verkaufen, aber dann kamen wieder Momente, da war er einfach nur ein Schatz. Seine Turniererfolge in Dressur und Springen sind nicht von der Hand zu weisen und lesen sich richtig beeindruckend. Das Schicksal hat uns halt zusammengebracht.

Einen Freund verkauft man nicht, auch wenn die Freundschaft manchmal auf eine harte Probe gestellt wird. Und außerdem: Wem hätten wir dieses Pferd mit gutem Gewissen geben können?" Irgendwann kommt der Zufall zu Hilfe und nach all den Jahren weiß Elisabeth nun, wie sie ihren Calderon halbwegs sicher bei Laune und seine Leistungsbereitschaft ganz gut in der Nähe von einhundert Prozent hält: „Er musste vor einem Turnier unbedingt länger auf der Koppel stehen. Ich holte ihn von dort, flocht ihn ein, startete ohne großes Training und brachte ihn dann direkt auf die Koppel zurück."

Vielleicht eine neue Therapie für „schwierige" Pferde? Bei Calderon, dem Podhajsky-Schimmel zwischen Genie und Wahnsinn funktioniert es. Auf dem Platz präsentiert sich der alte Herr so wunderbar locker, lektionensicher und elegant, dass man die Geschichten über seine wechselhafte Arbeitseinstellung kaum glauben kann. Dann soll er für ein Portrait still stehen. Urplötzlich steht der Senior kerzengerade auf

den Hinterbeinen. Calderon findet ganz offensichtlich, dass er für soviel Entgegenkommen am Morgen entschieden zu wenig Zeit auf der Wiese verbracht hätte. Seine Argumente sind überzeugend und wir bringen den diskussionsfreudigen Wallach zurück ins Grüne. Manche Pferde lassen sich halt nicht so einfach „benutzen". Irgendwie sympathisch.

Ein Lipizzaner auf dem Holzweg

Katharina Zoufal, genannt Katha, Leiterin des Tierbereiches in Schloss Hof will mir unbedingt die kürzlich hergerichtete Sattelkammer zeigen: „Sie ist wunderschön. Du musst sie sehen!" Die unscheinbare Tür am Ende des Pferdestalles ist wie eine Pforte in eine andere Welt. Völlig überraschend öffnet sich dahinter eine gut 25 Meter lange, ebenfalls frisch renovierte Halle. Sanft fällt das Licht durch die beidseitigen Öffnungen im fast meterdicken Mauerwerk. Sechzehn mächtige Steinsäulen stützen das Gewölbe über dem reinweißen und völlig leeren Raum. Was für ein Anblick!

Katha reißt mich aus den Gedanken: „Die Sattelkammer liegt am anderen Ende." Der Weg zur gegenüberliegenden Flügeltüre führt über feudales Holzparkett. Hinter der Tür verbirgt sich ein kleinerer, aber großzügiger Raum, wo die wertvollen Sättel und Geschirre bestens untergebracht sind. Wirklich toll, aber kein Vergleich zu dem davor liegenden weißen Saal. Schon schwirren die ersten Bilder durch meinen Kopf. Fragen kann man ja mal: „Lauft ihr mit euren Arbeitsschuhen immer über das Parkett, wenn ihr etwas für die Pferde holt?" „Na klar", bestätigt Katha „aber das ist ein besonders widerstandsfähiges Holz. Hier finden normalerweise Vernissagen oder Feierlichkeiten statt und die Pfennigabsätze der Damen sind ja auch nicht gerade schonend."

Das macht mich mutiger: „Na, dann könnten wir doch auch ein Pferd reinstellen, oder?" Belustigt schaut mich mein Gegenüber an: „Das meinst du doch nicht im Ernst, oder?" Ich schmunzle und zucke die Schultern: „Weiß müsste es sein." „Also einer der Lipizzaner!" lacht die Stallchefin, die schon einige Fotoaktionen mit uns erlebt hat „den müssen wir aber erst putzen!"

Nur mit einem leichten Showhalfter versehen bringen wir den Apfelschimmel Favory Bonavoja-5 über die Stufen in den Saal. Leise klopfen seine Hufe übers Parkett. Etwas irritiert schaut sich der Apfelschimmel um, aber ein Leckerli lenkt ihn ab. Wir platzieren ihn genau zwischen den beiden Säulenreihen. Ein schönes Motiv! Nachdem ich kein großer Fan von Computerretuschen bin, wird überlegt, ob wir dem Lipizzaner wohl für ein Foto das Halfter abnehmen könnten. Vielleicht, wenn jemand mit Leckerlis hinter der Säule stehen bliebe? Gelassen schaut uns der Wallach an und wir riskieren es. Ich liege am anderen Ende der Halle auf dem Boden. Vorsichtig zieht Reitinstruktorin Julia das dünne Leder über die Pferdeohren. Auf diesen Moment scheint das Tier nur gewartet zu haben. Urplötzlich dreht es sich blitzschnell ohne jede Vorwarnung auf der Hinterhand um, gibt Gas und stürmt genau in der Mitte des Saals auf mich zu. Reflexartig betätige ich einmal den Auslöser um mich dann in Sicherheit zu bringen. Allerdings merkt der Lipizzaner schnell, dass ihm bei diesem Tempo auf dem glatten Parkett sofort die Füße wegrutschen. Bonavoja reagiert prompt und schaltet einen Gang zurück. Ganz gemütlich spaziert er schließlich durch die Säulen und posiert interessiert für die Kamera. Die „Äpfel" seines Fells harmonieren wunderbar mit den weißen Wänden und grauen Granitsäulen. Mehr kann man sich als Pferdefotograf nicht wünschen. Das einmalige Bild des galoppierenden Schimmels zwischen den Säulen ist heute eines meiner Lieblingsmotive und darf in keiner Ausstellung fehlen.

Buntes
Treiben

Die Westernszene mag es bunt. Außergewöhnliche Fellfarben, gescheckte Paint Horses oder getupfte Appaloosas passen einfach perfekt zum Cowboyhut und keines dieser Pferde gleicht einem anderen. Jedes von ihnen ist absolut einzigartig und unverwechselbar. Aber abgesehen vom Outfit sind es heute trotz unterschiedlicher Zuchtgeschichte, bedingt durch den Aufstieg des Westernsports, vom Look her eigentlich überwiegend Quarter Horses mit „Sonderlack". Damit die bunten Pferde nicht ständig im Schatten ihrer zahlenmäßig übermächtigen Rassekollegen stehen, haben sie alle ihre eigenen Verbände. Diese können dann Turniere oder Zuchtshows ausschließlich für Paints oder Appaloosas veranstalten und damit die begehrten Westernsport Champion Titel speziell auch nur an diese Pferde und ihre Reiter vergeben.

Franz Vorraber in Weiz/Preding beherbergt in seinem Stall einen wunderbaren Bestand an Paint und Quarter Horses,

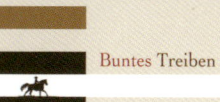

aber zunächst räumen wir erst einmal die Garage leer. Selbst der Oldtimertraktor muss raus. Sicher zweifelt Franz an unserer Seriosität, spielt aber mit. Schließlich stellen wir seine Deckhengste in die schattige „Box" und fotografieren zuerst ausdrucksvolle, manuell belichtete Portraits der vierbeinigen Persönlichkeiten.

Jetzt sollen sie frei laufen! Trotz der weitläufigen Anlage finden wir keine wirklich geeignete Location, um die typvollen Herrschaften der Painted Horse Ranch ohne störende Gebäude im Hintergrund abzulichten. Die riesigen Aufzuchtskoppeln des mit Europa- und Landesmeistertiteln ausgezeichneten Westernreiters wären ideal, sind aber zum

Fotografieren selbst mit großen Objektiven viel zu weit-
läufig. Wir müssen improvisieren. Franz ist unglaublich
kooperativ. Spontan erklärt er sich bereit, die Junghengste
zu isolieren, sowie komplett neue, deutlich begrenzte Zäune
für das Shooting mit den Deckhengsten aufzustellen. Das
klingt einfacher, als es ist, denn die Dimensionen dieser
Koppel sind wirklich gewaltig! Ein ganzer Pickup voller
Pfosten und Bändern wird professionell verbaut. Eine halbe
Stunde Spaziergang mit den Hengsten und alle sind vor Ort
versammelt. Zum Glück steht die warme Spätnachmittags-
sonne genau gegenüber und es bleibt gerade noch genügend
Zeit, um die bunten, beeindruckenden Pferde des sympathischen Trainers in ihren kraftvollen Bewegungen festzu-
halten.

Blue Eyes

Ein interessantes Modell treffe ich in Hausmannstätten: Paint Horse Moonwalker hat nicht nur ein schönes Exterieur, sondern auch ein blaues Auge. Seine Koppel liegt gut im Licht, Büsche und Bäume bilden den Hintergrund. Ideale Bedingungen? Keineswegs. Die schwarz-weiße Verteilung auf dem Fell des Hengstes stellt mich in Verbindung mit dem unruhigen Hintergrund, Licht und Schatten in Ästen und Zweigen vor nicht geringe, technische Probleme. Schecken sind sozusagen die Königsklasse der Pferdefotografie. Am besten, man macht die Bilder auf die ganz altmodische Art: manuell mit Spotmessungen und Mittelwerten. In der Regel ist man damit auf der sicheren Seite und ärgert sich später nicht über zu helle oder zu dunkle „Ausreißer" im Bild.

Auf Moonwalkers Kopfunterseite entdecke ich einen originellen, weißen Fleck zwischen den Ganaschen. Besitzerin Irmgard Schneider bringt ihn daraufhin auf einen extra dafür abgesperrten, asphaltierten Weg, wo er nicht fressen und

weglaufen kann. Ich lege mich vor seine Vorderhufe, richtete die Kamera nach oben und wartete darauf, dass er den Kopf in eine geeignete Position bringt. Ich brauchte einige Geduld bis ich das Gefühl habe, dass alles passt, aber dem Hengst wird es offensichtlich langweilig dabei. Urplötzlich beginnt er, hemmungslos zu gähnen. Aus so einer Perspektive hatte ich das noch nie betrachtet. Manchmal können Pferde wirklich urkomisch sein!

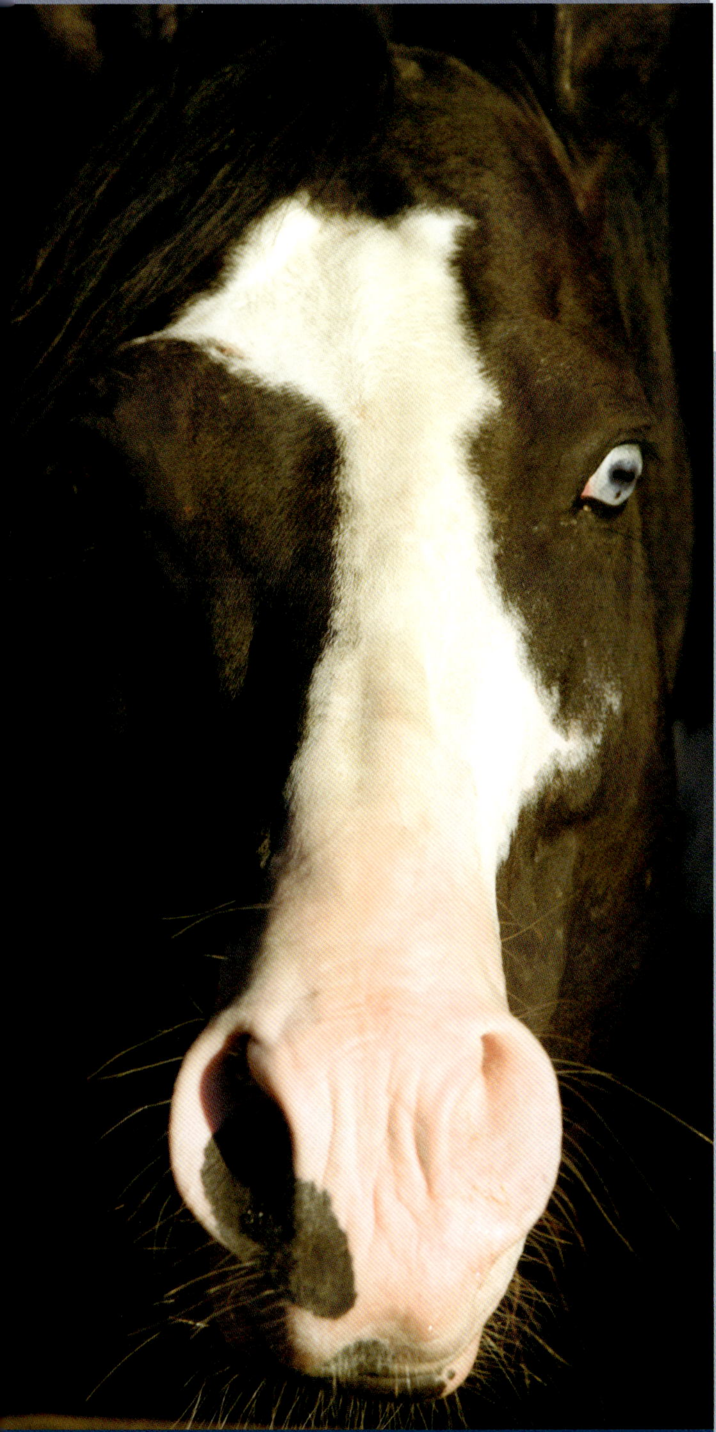

Marmor, Stein

und Eiseskälte

Auf einer winterlichen Shootingtour rund um Kitzbühl passieren wir am Abend eine Koppel, auf der drei Pferde vor sich hindösen. Reflexartig trete ich auf die Bremse und begutachte die Situation. Das Motiv ist außergewöhnlich: Marmorierte und getupfte Appaloosas vor dem schneebedeckten, ebenfalls wie Marmor gemusterten Wilden Kaiser. In aller Eile suchen wir den Besitzer in den umliegenden Höfen, bitten um eine Fotoerlaubnis und kehren schnellstens zur Koppel zurück. Wieder einmal bleiben nur Minuten, bis das Licht zu schlecht wird. Es ist eisig kalt. Das Metall der Kamera hat die gleiche Temperatur. Meine Finger spüre ich schon lange nicht mehr. Wo sind die Handschuhe? Natürlich im Auto. Aber zwei Pferde stehen gerade nicht schlecht nebeneinander! Ich vergesse den beißenden Kälteschmerz, schlittere über den hart gefrorenen Untergrund, lege mich schließlich aufs Eis und versuche irgendwie, Gebirgsmassiv und Pferde im Bild zusammenzubringen. Neugierig drehen

mir beide Appaloosas gleichzeitig die Köpfe zu. Sie passen perfekt zusammen. Kein Wunder, denn es sind Mutter und Sohn! Habe ich überhaupt noch einen Zeigefinger? Er ist total steif gefroren, aber irgendwie löse ich die Kamera aus. Auch wenn das Licht nicht mehr ganz optimal war und meine Finger Ewigkeiten brauchten, um wieder aufzutauen: Ich liebe diese zufällig entstandene Fotoserie.

Der

Seniorenclub

Zwei vom Schicksal gezeichnete Pferdesenioren haben mich im Innviertel besonders berührt. Der bildschönen Lacey sieht man ihr Alter von sage und schreibe 27 Jahren wirklich nicht an. Noch weniger würde man vermuten, dass der Appaloosa seit Ewigkeiten völlig blind ist. Kein Problem für die Stute, denn mit Ringo hat sie stets einen zuverlässigen Freund an ihrer Seite. Der Noriker ist mit 28 Jahren auch nicht mehr der Jüngste und noch dazu ebenfalls blind, aber nur auf einem Auge. Die beiden halten zusammen wie Pech und Schwefel und genießen bei Gerhard Treitinger ihr Gnadenbrot.

Bei grauenvollem Wetter haben wir einen Fotokurs im Reitstall Tip-Top bei Sigrid Klement und retten uns mit einem professionellen Indoor-Fotostudio. Lacey ist ein schickes Pferd mit toller Fellfarbe und wird gleich zum Model erkoren. Dazu müssen wir sie aber zumindest ein bisschen von Ringo trennen. Sofort ändert sich der Gesichtsausdruck

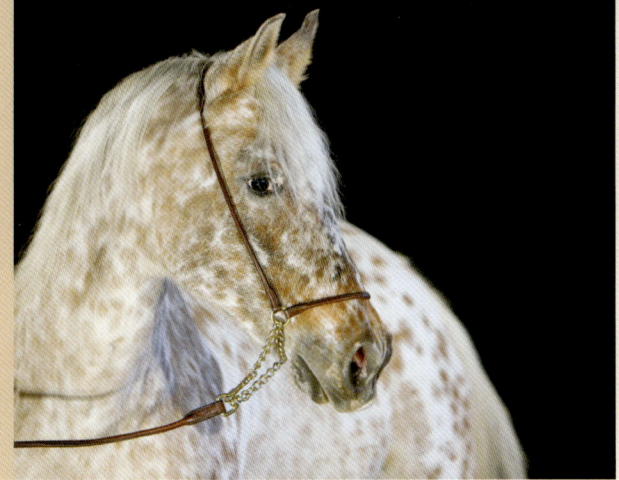

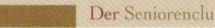

der Stute. Hochkonzentriert versucht sie, den Noriker aus-
zumachen. Um sie nicht zu sehr zu beunruhigen, bringen wir
ihren Freund und Helfer wieder an ihre Seite. Sofort stecken
die beiden zufrieden ihre Nasen zusammen. Wie ein altes
Ehepaar. Ich glaube wenn sie könnten, würden sie Händchen
halten.

Black Beauty

in XXL

Lehrer Manfred Salcher holen wir direkt aus dem Unterricht einer Landwirtschaftsschule in Sankt Johann. Wir hatten gehört, dass er einen traumhaften Shire besitzt und überreden ihn, uns das Pferd in seiner nächsten Freistunde zu zeigen. Es ist ein herrlicher Wintertag. Wir kurven durch den verschneiten Wald bis zu einer Lichtung. Ein kleiner Stall liegt direkt am Haus. Manfred holt Goran aus der Box und ich bin mehr als positiv überrascht von dem attraktiven Vierjährigen. Der Lehrer wusste nichts von unserem Besuch, trotzdem steht sein Hengst da, wie aus dem Ei gepellt. Das sagt viel über sein Verhältnis zu dem Tier aus! Selbst bei trockener Witterung ist es außerordentlich schwer, den langen, weißen Fesselbehang eines Shires auch nur einigermaßen sauber zu halten. Irgendwie schafft das Manfred jedoch sogar im Winter. Freundlich blicken die Augen des lackschwarzen, 182 Zentimeter großen Bundessiegers der Zweijährigen auf mich hinab. Der erste, rein österreichisch gezogene und gekörte

Shirehengst ist ein absolut netter Zeitgenosse und eine treue Seele dazu, denn er folgt Manfred wie ein Hund, ohne aufdringlich zu sein. Ein weiterer Hinweis auf einen echten Pferdemann.

Wir müssen Goran unbedingt fotografieren. Wo ist eine Koppel? Schon entstehen vor meinem geistigen Auge Bilder mit schwarzem Hengst, glitzerndem Schnee und blauem Himmel in gleißender Sonne. Aber die Ernüchterung kommt schnell. Die Sonne steht tief, bescheint nur das Haus und steht damit genau auf der falschen Seite der Lichtung. Die Koppel liegt im Schatten. Hier wird es nur im Sommer oder ganz früh am Morgen hell. Manfred ist ab nächstem Tag auf Fortbildung. Wir haben nur diese eine Chance. In ein paar

Minuten könnte die Sonne zwischen zwei benachbarten Kieferwipfeln hindurchlugen und einen kleinen, lichten Streifen entstehen lassen. Immerhin besser als Nichts! Kollegen langen sich jetzt sicher an den Kopf. Ein schnell bewegtes, schwarzes Objekt vor dunklem Hintergrund im Gegenlicht, aber natürlich ohne Stativ? Fototechnischer Wahnsinn! Aber der Shire ist so toll – ich muss es einfach probieren.

Kurz darauf ist das Licht tatsächlich da. Vier Leute bemühen sich, das gewaltige, 850 Kilo schwere Pferd auf der großen, schattigen Fläche dazu zu bringen, immer wieder exakt durch die vergleichbar winzigen, aber einzig brauchbaren, hellen Flächen zu laufen und das auch noch in einer schönen Pose! Manfred können wir dabei nur beschränkt einsetzen, denn so schnell kann er gar nicht aus dem Bild rennen, wie ihm der anhängliche Goran nachgaloppiert. Nach zehn Minuten totaler Hektik ist die Sonne weitergewandert und der Spuk genau so schnell wieder vorbei, wie er angefangen hat. Atemlos dampfen alle Zwei- und der Vierbeiner vor sich hin. Knapp am Haus vorbei gelingen abschließend noch ein paar Portraits mit dem Licht. Der Stress hat sich gelohnt. Die ungewöhnliche Licht- und Motivsituation hat Goran ganz ungeplant auf ganz besondere Weise in Szene gesetzt.

Zufällige

Begegnung

Neugierig lugt ein lebhaft gezeichneter, freundlicher Tigerschecke aus dem geöffneten Fenster einer geräumigen Außenbox. Gerne kraule ich dem sympathischen bunten Herren die markante Ramsnase. Anscheinend geht hier niemand vorbei, ohne ihn und seine auffällig gefärbte Jacke ausgiebig zu bewundern. Für einen Noriker ist das Pferd entschieden zu leicht, für einen Appaloosa zu wuchtig. Da bleibt nur noch eines, und der Blick auf die Stalltafel bekräftigt meine Vermutung: Heimdal af Midgaard KNN 1908 ist ein rein gezogener Knabstrupper und wahrlich nicht von schlechten Eltern! In den Adern des gekörten Prämienhengstes fließt edelstes dänisches Blut. Sein Vater Hugin von Dänemark ist mir wohlbekannt. Vor Jahren sorgte er unter dem berühmten historischen Ausbilder Bent Branderup in ganz Europa bis hin zum dänischen Königshaus für Furore. Die Auftritte und der Bekanntheitsgrad des außergewöhnlichen Pferd-Reiter-Paares verhinderten wahrscheinlich das Aussterben

der getupften „Pippi Langstrumpf-Pferde" und sorgten dafür, dass die Rasse zahlreiche neue Fans in der Freizeit- und Barockszene fand.

Ein Sohn von Hugin? So viele gibt's davon nicht, denn das herrliche Tier war durch einen Unfall erblindet. Und doch: Vor Jahren fotografierte ich mit Bent Branderup verschiedene Bücher über barocke Ausbilder. Damals zeigte er mir ein Fohlen seines geliebten Traumhengstes, das ich wegen des barocken Kopfes extra noch einmal für ihn ablichten musste. Wäre es möglich...? Ist dieser verschmuste, umgängliche Knabstrupper, das putzige Fohlen mit der Knubbelnase? Der unglaubliche Zufall wird durch die Besitzerin bejaht.

Miriam Hilbert hatte den Hengst 2007 direkt von seiner Züchterin erworben. Da war er bereits acht und noch nicht mal richtig angeritten: „Ich wollte eigentlich unbedingt einen Schecken, aber die Tupfen sind doch auch nicht schlecht, oder?" lacht die zwanzigjährige Wienerin „Heimdal macht uns allen so viel Spaß. Er ist total brav, überhaupt nicht hengstig, absolut willig und wirklich ein echter Schatz! Wir sorgen mit viel Abwechslung, Koppelgang und Ausritten dafür, dass er sich hier richtig wohl fühlt. Außerdem hat er genau am selben Tag Geburtstag wie ich."

Noch mehr Zufälle gefällig? Momentan durchläuft Heimdal bei Hilmar Schmidtke eine klassische Ausbildung. Dieser wiederum kannte Drifa, die Mutter des Hengstes. Als ehemaliger Praktikant Branderups streichelte er der Stute damals öfters über den mit Heimdal trächtigen Bauch.

Natürlich musste der inzwischen längst aus den Kinderschuhen herausgewachsene „Knappi" für die Kamera über die Koppel galoppieren. Der bunte Hengst präsentierte sich wirklich nur von seiner allerbesten Seite mit viel Energie, Witz und guter Laune.

Bent Branderup fand die zufällig entstandenen Bilder seines ehemaligen Schützlings ebenso schön wie ich. Manchmal ist die Welt eben doch ziemlich klein und voller Überraschungen!

Balsito

und der Bach

Nur träge fließt der Febersbach durch die Steiermark. Im Sommer führt er nur wenig Wasser. Seine Seiten sind sehr stark zugewachsen und steigen gut zwei Meter hoch steil an. Nachdenklich begutachte ich das kleine Gewässer von einer kleinen, offenen Stelle aus. Sein Bett hat keine größeren Steine, ist rund zweieinhalb Meter breit und durchgehend flach. Das Ganze wirkt ein bisschen, wie ein grüner Tunnel. Könnte man da nicht...? Aber das Pferd müsste unbedingt weiß sein. Nur dann würde es mit dem Licht klappen. Und wo könnte man es hinunterbringen? Hundert Meter Bach abwärts wird das Steilufer flacher. Hier könnte es gehen. Ein geeigneter Kandidat wäre Balsito, ein extrem ruhiger, etwas betagter Andalusierwallach. Er gehört den Schwestern Julia und Hannah. Das brave Pferd geht mit ihnen durch dick und dünn und noch darüber hinaus. Es steht wie eine Statue, wenn eines der Kinder zwischen seinen Füßen herumkrabbelt, galoppiert mit ihnen aber auch über die Felder oder steigt

in einem Lindenhof-Fotoworkshop nutzen. Am Kurstag spitzt
Balsito überrascht die Ohren. Sage und schreibe dreizehn
Fotografen warten dort am Ende seiner feuchten Rennstrecke!
Vielleicht hat ja jeder ein Leckerli für ihn? Niemand von uns
hätte es gewagt, den liebenswürdigen Spanier zu enttäuschen.
Die Bilder der Teilnehmer waren so fantastisch, dass wir uns
gleich daran machten, noch zwei weitere Pferde für so ein
extravagantes Shooting zu trainieren.

mit beiden lachenden Mädchen auf dem Rücken kerzengerade in die Luft, wenn sie ihn darum bitten.

Zunächst müssen wir auf gut fünfzig Meter die vorwit-
zigsten Zweige des „grünen Tunnels" zurückschneiden,
damit genügend Raum für ein Pferd entsteht. Dann bringen
wir Balsito zum Einstieg. Nur kurz zögert der P.R.E, dann
platscht er hinter uns her durch den Febersbach. Zu verfüh-
rerisch ist der Eimer mit Kraftfutter, den ich direkt vor seine
Nase halte! Dann spannen wir einen Elektrozaun quer über
den Bach. Hier bleibe ich mit dem Futtereimer stehen. Der
Wallach wird zwei Meter von mir entfernt umgedreht, los-
gelassen und ich locke ihn mit dem Futter zu mir zurück.
Zufrieden mampft er die gehaltvollen Körner. Nach und nach
vergrößern wir die Entfernung. Drei Tage später läuft der
Schimmel zielstrebig aus fünfzig Meter Entfernung im Bach-
bett auf mich zu und bleibt in Erwartung eines Snacks so
zuverlässig vor mir stehen, dass wir die ganze Aktion sogar

Die
Minibande

Ponys sind Klasse. Selbstbewusst, intelligent, umgänglich und einfach perfekt, wenn es darum geht jemandem die Angst vor den durchaus Respekt einflößenden Großpferden zu nehmen. Ganz zu schweigen von ihren Verdiensten rund um die unzähligen Kinder, die auf ihnen das Reiten lernen! Immer wieder überraschen Ponys durch ihren Arbeitseifer, durch ihre unglaubliche Leistungsfähigkeit, Widerstandsfähigkeit und Genügsamkeit. Sie bewähren sich unter härtesten Bedingungen. Schaffen es, auch mit wenig Futter, ihre Figur zu halten, was unter „normalen" Bedingungen bisweilen zu etwas üppigeren, aber nicht unsympathischen Proportionen führen kann. Die vorwitzigen Shetlandponys gelten wahrscheinlich als klassische Ponys, aber daneben gibt es noch jede Menge anderer Rassen, die sich vor allem durch ihre Körperproportionen, ihren Charakter, Bewegungsablauf und ihr spezielles, selbstständiges Verhalten von den Pferden unterscheiden.

Deshalb zählen auch kleine Haflinger nicht zu den Ponys, auch wenn je nach Land ein Pferd, dessen Widerristhöhe am oberen Halsansatz niedriger als zirka 1,48 Meter ist, als Pony angesehen wird. Nach unten gibt's keine Grenzen. Thumbelina, das kleinste „Pferd" der Welt misst gerade mal 44,5 Zentimeter. Aber warum ist dann gerade dieses zwergenhafte Stütchen kein Pony, sondern ein Pferd? Die Frage ist durchaus berechtigt, aber es gibt auch in Österreich Züchter von extrem kleinen Equiden, die nichts mit Shetlandponys im Miniformat zu tun haben. Gemeinsam wäre diesen Winzlingen nur die nicht vorhandene Größe. „Miniaturpferde" erinnern im Gegensatz zu Minishettys in ihren Proportionen viel eher an Pferde als an Ponys und stammen heute – wie könnte es anders sein – überwiegend aus den USA, obwohl ihre Wiege ursprünglich in den barocken Königshöfen Europas liegt. Züchter behaupten, „American Miniature

Horses" seien wie „Kartoffelchips". Einmal angefangen, könne man nicht mehr damit aufhören. Also Vorsicht beim Betrachten der Bilder. Neben diversen Ponys sind auch einige Miniaturpferdchen dabei!

Als wir die Winzlinge treffen, laufen wir ihnen lange vergeblich auf einer viel zu großen Koppel hinterher. Irgendwann geben wir auf und setzen uns nach einem langen Tag erschöpft ins Gras. Dieser Trick wirkt auf fast alle Fohlen der Welt unwiderstehlich. Sie müssen einfach herkommen und nachsehen, was wir da so tun. Hier war es genauso. Niemals werde ich das klitzekleine, cremefarbene Stütchen vergessen, das sich, viel mutiger als sein mausgrauer, männlicher Fohlenkollege, Schritt für Schritt an uns heranpirschte und uns dann tapfer von oben bis unten mit seiner winzigen Nase beschnuffelte. Unglaubliche Momente. Highlights meiner emotional durchaus positiven Arbeit. Dieses kleine, bezaubernde Wesen hat uns mit seiner kindlichen Neugierde nicht nur wunderschöne Bilder sondern bleibende Erinnerungen geschenkt. Dafür kann man ihm nur danken. Ihm und all den anderen Pferden, die uns immer wieder ihr Vertrauen und damit jede Menge Freude schenken.

Making

of

Wer Christiane Slawik nur einmal bei einem ihrer Shootings beobachten darf, ist fasziniert von der Ambition mit der sie mit der Kamera den Moment einfängt. Christiane ist die Leidenschaft pur. Sie ist die Seele, sie ist der Fotoapparat, sie ist die Idee. Und dabei entstehen Aufnahmen, die mit solch einer Liebe vom Motiv sprechen, dass jedem – auch dem angehenden – Pferdefreund, der Atem stockt.

Mit „Pferdegeschichten aus Österreich" geht Christiane einen Schritt weiter. Sie erzählt in Wort und Bild über außergewöhnliche Schicksale von Menschen, die ihr Leben in den Dienst der Pferde stellen, von Pferden, die Außergewöhnliches erlebt haben und von Orten mit außergewöhnlichen Begebenheiten.

Jedes Objekt ihrer Begierde, jedes Pferd spricht in ihren Fotos eine eigene Sprache. Oft wirft sich die sympathische Würzburgerin vor ihren vierbeinigen Fotomodellen in den Staub, um ja das Beste aus diesen manchmal nur wenige

Sekunden dauernden Augenblicken herauszuholen. Eine Frau mit einem einzigartigen Gespür für den Moment. Eine Fotografin mit Herz. Ein Herz, das für Pferde schlägt.

Der Verlag

Bildquellen

Umschlag und Inhalt: Christiane Slawik (www.slawik.com), außer Bruni im Brunnen: privat
„Making of" Fotos: Thomas Fantl, Martin Lettrich, Gabriele Koy

Impressum

© 2009 Österreichischer Agrarverlag
Druck- und Verlagsges.m.b.H. Nfg. KG, Sturzgasse 1A, A-1141 Wien, E-Mail: buch@avbuch.at, Internet: www.avbuch.at

Die Deutsche Bibliothek – CIP-Einheitsaufnahme
Die Deutsche Bibliothek verzeichnet diese Publikation in der Deutschen Nationalbibliografie;
detaillierte bibliografische Daten sind im Internet über http://dnb.ddb.de abrufbar.

Projektleitung: Brigitte Millan-Ruiz, avBUCH
Lektorat: Martina Kiss, Wien
Umschlag: Ravenstein + Partner, Verden
Satz: Ravenstein + Partner, Verden
Druck und Bindung: AV+Astoria Druckzentrum GmbH, Wien

Printed in Austria

ISBN: 978-3-7040-2340-7